根据人教版数学教学大纲编写

森林学校里的趣味数学

SENLINXUEXIAOLIDEQUWEISHUXUE

古保祥 ★ 著

U0211698

2年级

哈尔滨工业大学出版社
HITP HARBIN INSTITUTE OF TECHNOLOGY PRESS

图书在版编目(CIP)数据

森林学校里的趣味数学. 二年级/古保祥著. 一
哈尔滨:哈尔滨工业大学出版社,2016.1
ISBN 978-7-5603-5696-9

Ⅰ.①森… Ⅱ.①古… Ⅲ.①小学数学课 -
课外读物 Ⅳ.①G624.503

中国版本图书馆 CIP 数据核字(2015)第 263641 号

策划编辑　张凤涛
责任编辑　张凤涛
装帧设计　恒润设计
出版发行　哈尔滨工业大学出版社
社　　址　哈尔滨市南岗区复华四道街 10 号　邮编 150006
传　　真　0451 - 86414749
网　　址　http://hitpress. hit. edu. cn
印　　刷　哈尔滨市石桥印务有限公司
开　　本　787mm×1092mm　1/16　印张 11　字数 150 千字
版　　次　2016 年 1 月第 1 版　2022 年 3 月第 5 次印刷
书　　号　ISBN 978-7-5603-5696-9
定　　价　26.80 元

目录

看电影

9月1日，是学校准时开学的日子，一个暑假过去了，大家都十分开心。

当天下午，森林学校的所有学生，一起去电影院里看电影，今天看的电影是著名的《妈妈再爱我一次》，这是人类所拍摄的一部催人泪下的电影，据说，曾经让无数小朋友感动过。

当天上午，学校发布了各个班级的座次表，白鹤老师的班级坐在电影院的正中央。

白鹤老师给每位同学发了一张电影票，电影票上打印着《妈妈再爱我一次》的宣传广告，一个小朋友，正在寻找妈妈。

白鹤老师手中还剩三张电影票，她对大家

说道:"我出一个数学问题,大家可以讨论一下。

三个小朋友去看电影,他们买了三张座位相

邻的票,那么,他们三人的座位顺序一共有多少

种排列方法?"

"本来以为要看电影,又出一道数学题。"有的

同学抱怨道。

狮子狗带头提醒大家:"老师这个问题问得

好,带着思考题去看影,将是一件多么奇妙的事情

啊!"

下午看电影时,小乐、青青还有狮子狗坐到了

一起,因为他们手中的票是相连的。

狮子狗想到了老师提出的问题,便对其他二

位说:"我们演示一下如何?"

第一种顺序:

xiǎo lè　qīng qīng　shī zi gǒu
小乐、青青、狮子狗；

dì　èr zhǒng shùn xù
第二种顺序：

qīng qīng　xiǎo lè　shī zi gǒu
青青、小乐、狮子狗；

dì sān zhǒng shùn xù
第三种顺序：

xiǎo lè　shī zi gǒu　qīng qīng
小乐、狮子狗、青青；

dì　sì　zhǒng shùn xù
第四种顺序：

qīng qīng　shī zi gǒu　xiǎo lè
青青、狮子狗、小乐；

dì wǔ zhǒng shùn xù
第五种顺序：

shī zi gǒu xiǎo lè qīng qīng
狮子狗、小乐、青青；

dì liù zhǒng shùn xù
第六种顺序：

shī zi gǒu qīng qīng xiǎo lè
狮子狗、青青、小乐。

tā men xiǎng zài pái chū dì qī zhǒng shùn xù lái kě shì zěn me yě
他们想再排出第七种顺序来，可是，怎么也

xiǎng bu dào le
想不到了。

nán dào jiù zhè liù zhǒng shùn xù ma
难道，就这六种顺序吗？

diàn yǐng zǎo kāi shǐ le hòu miàn de tóng xué yǐ jīng kāi shǐ liú lèi le
电影早开始了，后面的同学已经开始流泪了，

kě shì tā men sān gè yì zhí zài huàn zhe zuò wèi hòu miàn de tóng xué bù gāo
可是，他们三个一直在换着座位，后面的同学不高

xìng le zhàn qǐ shēn lái wèn tā men sān gè nǐ men de zuò wèi shang yǒu
兴了，站起身来，问他们三个："你们的座位上有

dīng zi ya
钉子呀？"

shī zi gǒu dèng zhe nà wèi tóng xué shuō méi yǒu dīng zi ya
狮子狗瞪着那位同学，说："没有钉子呀，

zěn me le
怎么了？"

kàn diàn yǐng le lǎo dòng kuài diǎn zuò xià
"看电影了，老动，快点坐下。"

sān gè rén zhè cái ān jìng de kàn qǐ le diàn yǐng
三个人这才安静地看起了电影。

dì èr tiān shàng wǔ　shī zi gǒu biàn shuài xiān huí dá le bái hè lǎo shī
第二天上午，狮子狗便率先回答了白鹤老师

de wèn tí　　shì liù zhǒng shùn xù　wǒ men zuó tiān yǎn shì le yí biàn　yīng
的问题："是六种顺序，我们昨天演示了一遍，应

gāi méi cuò de
该没错的。"

bái hè lǎo shī shuō　　huí dá zhèng què　dāng yù dào bú huì de wèn tí
白鹤老师说："回答正确，当遇到不会的问题

shí　rú guǒ kě yǐ shí jì cāo zuò yí xià shì zuì hǎo de le
时，如果可以实际操作一下是最好的了。"

quán bān tóng xué xiàng shī zi gǒu　qīng qīng hé xiǎo lè tóu qù le xiàn mù
全班同学向狮子狗、青青和小乐投去了羡慕

de yǎn shén
的眼神。

长度单位的故事

二年级开学，刚上数学课，便学到了长度单位，这是个全新的概念，许多小朋友都被看似困难的长度单位吓住了。

恰逢中秋节快要到了，青青往家里走，远远的，便闻到了月饼的香味。

到家时，才知道是表哥来了，表哥带了许多月饼，月饼千奇百怪的形状，看起来就让人充满了食欲。

表哥问："青青，最近学习上有什么困难吗？表哥可以帮助你。"

"当然是长度单位了，我都郁闷死了。"

"说到长度单位呀，我这儿有一个故事，你听

6

hòu　　yí dìng huì huò rán kāi lǎng de
后，一定会豁然开朗的。"

qīng qīng chán zhe biǎo gē shuō　　tài hǎo le　jiǎng gěi wǒ tīng ba　wǒ duì
青青缠着表哥说："太好了，讲给我听吧，我对

háo mǐ　lí mǐ　fēn mǐ　mǐ hé qiān mǐ shí fēn kǒng jù　jīng cháng bǎ tā
毫米、厘米、分米、米和千米十分恐惧，经常把它

men gǎo hùn le
们搞混了。"

biǎo gē kāi shǐ wěi wěi dào lái
表哥开始娓娓道来：

cháng dù dān wèi wáng guó li zhù zhe wǔ xiōng dì　tā men shì　háo
长度单位王国里住着五兄弟，他们是：毫

mǐ　lí mǐ　fēn mǐ　mǐ hé qiān mǐ　nián jì zuì zhǎng de shì qiān mǐ　qiān
米、厘米、分米、米和千米，年纪最长的是千米，千

mǐ rèn wéi zì jǐ néng zhàng liáng zuì cháng de wù tǐ　yǐ lǎo dà zì jū　jiàn
米认为自己能丈量最长的物体，以老大自居，渐

渐骄傲起来,总瞧不起小弟——毫米,终于有一

天,千米大哥把毫米弟弟赶出了皇宫,还让厘米

弟弟、分米弟弟和米弟弟伺候他。

有一天,一个小朋友来到长度单位王国对千

米说:"千米哥哥,我不知道这条虫是几毫米,能

帮帮我吗?"千米满不在乎地说:"不行,毫米弟弟

走了,你就省省吧,要找他的话自己去找。"

小朋友听了很生气,就对千米说:"你别以为

你最长就以国王自居了,其实你的用处跟你的

兄弟一样,没什么特别的!"千米被激怒了,便把

小朋友赶走了。

过了一个星期,有一只小蚂蚁高高兴兴地来

到了长度单位王国,微笑着对千米说:"我是蚂蚁

国最大的一只蚂蚁,请你帮我量一量我的身体有

多少毫米？"千米听了生气地说："毫米已经被我赶走了，你别想让他帮你量身体的长度，除非你自己去找他。"说完，千米就把蚂蚁踢飞了。

又过了一个月，还没有毫米弟弟的下落，厘米、分米和米都很着急，只有千米，他天天吃着鸡肉、鱼肉和海鲜。这一天，大象爷爷遇到了毫米，好奇地问毫米怎么一个人孤孤单单的，毫米把事情都告诉了大象爷爷，大象爷爷听了很同情毫米，准备带毫米去评理，但要翻过十座大山，以大象爷爷的速度可得走十天。

可就在第二天，长度单位王国里，千米突然生病了，医生说只有一种特效药能救他，医生把特效药拿了出来，原来特效药是一根甘蔗，医生说："你这种病只有每天吃8毫米的甘蔗才能

好，一点儿也不能多，一点儿也不能少，必须丈

量准确，否则的话病不但不会好，病情还会加重。

你还能活11天，抓紧治疗吧。"

可是，要想丈量准确，必须有毫米弟弟的帮

忙才行，千米心里后悔起来，但又不知道毫米在

哪里，千米想他只能等待死亡的那一天了。十天

过去了，毫米真的回到了皇宫，大象爷爷也站在

他旁边，毫米弟弟看到了千米哥哥躺在床上，病

得很严重，就立刻测量出8毫米的甘蔗给千米哥

哥吃，千米哥哥脸一下子红了。

千米哥哥吃了甘蔗，身体很快好了起来，他再

也不轻视毫米弟弟了，也不再认为自己很了不起。

后来，他们兄弟五人在长度单位王国里过着无忧

无虑的生活。

与外星人比智商

白鹤老师的班里，最近出现了厌学情绪，许多孩子开始讨厌数学，更有一些家长竟然提出了数学无用论的观点。

一个周五的上午，小乐逃学了，独自在树林里玩耍，竟然发现一个三角形的飞行体在空中飞舞着。

那三角形的飞行体居然停了下来，从里面走出两个小孩子，他们长得十分奇怪，其中一个孩子对另外一个孩子说："火焰，我觉得，森林学校不该是我们的合作对象，一群小动物，能有什么本领？"

"波波，我觉得我们可以考验一下他们，我们

shǒu zhōng yǒu yì xiē wǒ men xīng qiú de huò bì wǒ men bǎi yí gè xiǎo tān
手中有一些我们星球的货币，我们摆一个小摊，

ràng tā men lái mǎi wǒ men de dōng xi kǎo yàn yí xià tā men de zhì shāng
让他们来买我们的东西，考验一下他们的智商。"

shuō zhe liǎng gè hái zi yǎo qǐ le ěr duo
说着，两个孩子咬起了耳朵。

xiǎo lè gǎn jué fèi dōu kuài bèi qì zhà le zì yán zì yǔ dào shuō
小乐感觉肺都快被气炸了，自言自语道："说

wǒ men sēn lín xué xiào de hái zi men bù xíng wǒ bú xìn xié
我们森林学校的孩子们不行，我不信邪。"

xiǎo lè chōng le chū lái xià le liǎng gè hái zi yí dà tiào
小乐冲了出来，吓了两个孩子一大跳。

nǐ shì wài xīng rén huǒ yàn nǐ shì wài xīng rén bō bō wǒ shì sēn
"你是外星人火焰，你是外星人波波，我是森

lín xiǎo xué èr nián jí de xué shēng nǐ men bú shì xiǎng kǎo yàn wǒ men ma
林小学二年级的学生，你们不是想考验我们吗？

lái ba kàn kan wǒ men de zhì shāng shéi gāo shéi dī yǎn shǔ xiǎo lè pāi zhe
来吧，看看我们的智商谁高谁低？"鼹鼠小乐拍着

xiōng táng shuō
胸膛说。

xiǎo shǔ wǒ wèn nǐ shù shang yǒu qī zhī niǎo wǒ dǎ xia lai yì
"小鼠，我问你，树上有七只鸟？我打下来一

zhī hái yǒu duō shao zhī niǎo huǒ yàn tí wèn tí le
只，还有多少只鸟？"火焰提问题了。

dāng rán hái yǒu liù zhī niǎo zhè me jiǎn dān de wèn tí xiǎo lè zhí
"当然还有六只鸟，这么简单的问题。"小乐直

jiē huí dá
接回答。

"错了，全跑了，哪只鸟会等死呀！"波波纠正道。

"气死我了，你们等着，一会儿要你们好看。"

小乐飞快地跑回了学校。

不大会儿工夫，全班六十多名同学，全赶了过来，狮子狗喘着粗气，蚂蚁青青跑得飞快。

他们到达现场时却发现，两个外星人早已经摆好了一些物品。

狮子狗看了看形势，大声说："我先来。"

"给你1分硬币、2分硬币、4分硬币和8分硬币若干，我们的帽子7分钱一顶，怎么买？"波波将手中的帽子摇了摇，好精致的帽子。

狮子狗接过了他们递过来的外星货币，仔细计算着，想着，在场的许多小动物，也被这样的题难住了。

狮子狗说："我给你一枚8分的硬币，你找我1分钱。"

"不不不，我可没有零钱找你，你必须用你手中的钱。"火焰歪着脑袋，似乎在怀疑他们的智商。

波波说："本来，我们打算每年来一次，与你们较量一番，现在看来不用了，你们根本就不行，在

wǒ men xīng qiú shang rú guǒ bú huì shù xué jiāng huì bèi táo tài de
我们星球上，如果不会数学，将会被淘汰的。

mǎ yǐ qīng qīng xìng chōng chōng de pǎo le guò lái yīn wèi tā yǒu bàn
蚂蚁青青兴冲冲地跑了过来，因为她有办

fǎ le
法了。

bān zhǎng nǐ gěi tā fēn fēn fēn yìng bì gè yì méi bú
"班长，你给他1分、2分、4分硬币各一枚，不

zhèng hǎo fēn ma
正好7分吗？"

yuán lái rú cǐ shī zi gǒu jiāng qián fàng xià ná qǐ le nà
"原来如此。"狮子狗将钱放下，拿起了那

dǐng mào zi
顶帽子。

bù wǒ men de wèn tí hái méi wán ne wǒ men hái yǒu yì kuǎn jià
"不，我们的问题还没完呢！我们还有一款价

zhí fēn de shǒu tào zài dōng tiān shì kě yǐ qǔ nuǎn de nǐ men shéi xiǎng
值9分的手套，在冬天是可以取暖的，你们谁想

yào huǒ yàn jì xù tí wèn tí
要？"火焰继续提问题。

wǒ lái ba bié kàn wǒ nián jì xiǎo wǒ mā ma shuō wǒ shì kuài
"我来吧，别看我年纪小，我妈妈说我是块

bǎo xiǎo yā zi gá gá gá de pǎo le guò lái
宝。"小鸭子"嘎嘎嘎"地跑了过来。

xiǎo yā zi kàn zhe yì duī de yìng bì yí huìr ná qǐ le fēn
小鸭子看着一堆的硬币，一会儿拿起了1分

de yí huìr rēng xià fēn de ná qǐ le fēn de
的，一会儿扔下1分的，拿起了8分的。

犹豫了半天时间,后面的小乐实在憋不住了,问小鸭子:"你到底会不会呀?不会,让我来。"

"谁说我不会?我说过,在我们家中,我是块宝,有办法了,9分的手套是我的了,给你2个4分的,再加1个1分的,不正好9分吗?"

一天的时间过去了,全班的所有同学都得到了一份外星人赠予的礼物。

火焰与波波说:"我们要走了,三个月后,我们还来,我们会带更难的题过来。"

三角形的飞行器飞起来了,在空中,火焰伸出手来,向大家挥手再见。

"再见,朋友,我们感谢你们。"狮子狗与大家一起追赶飞机。

"我的雄心壮志重新回来了,我对数学又一

cì chōng mǎn le xìng qù
次充满了兴趣。"

dāng rán　wǒ jué de wǒ jīn tiān bàng jí le　wǒ jìng rán huò dé le
"当然,我觉得我今天棒极了,我竟然获得了

yí fèn bǎo guì de lǐ wù
一份宝贵的礼物。"

qí shí　dà jiā bìng bù zhī dào　zhè cì wài xīng rén lái fǎng　jìng rán
其实,大家并不知道,这次外星人来访,竟然

shì bái hè lǎo shī de kǔ xīn ān pái　tā qù le tàng chéng li　zhǎo dào le
是白鹤老师的苦心安排,他去了趟城里,找到了

liǎng gè rén lèi de fēi xíng yuán　ràng fēi xíng yuán jiǎ bàn wài xīng rén　shǐ hái zi
两个人类的飞行员,让飞行员假扮外星人,使孩子

men chóng xīn zhǎo dào le　duì shù xué de xìng qù
们重新找到了对数学的兴趣。

猴子花花究竟得了多少分？

今天，森林学校里要举行一场歌唱比赛，参加的是森林学校一年级的六个班，在白鹤老师的班级里，大家忙得不可开交，因为，小猴子花花将要代表全班参加演唱比赛。

花花的嗓音独特，宛如天籁一般，大家都说花花总有一天会成为森林里的歌王。

今天的演唱比赛有一项评分规则：

五个评委分别打分，去掉一个最高分，再去掉一个最低分，其余的分数算平均分。

一班的一只大猩猩，唱了男低音，观众一致不看好，狮子狗听得直打瞌睡，突然间，不知道谁放了一个屁，声音居然比大猩猩的歌声还要响，大家哄堂大笑，评委们也乐成了一团。

大猩猩只得了可怜的5.6分。

第二名歌手是孔雀小姐，她的舞姿美，可声音不怎么好听，但由于她有很高的舞蹈天赋，评委们格外看好她，她竟然得到了9分的高分，暂列第一名。

第三名歌手是猪大肠先生，他生性懒惰，一边唱一边说，大致内容是：今天早上我起床，先刷牙后洗脸，然后去吃饭，走到路上摔了一跤，天气真好。

大家热烈地鼓掌，现场好不热闹。他得了8.9分。

第四名是蚊子月月，她声音细小，却高得出奇，吓的一个评委差点儿从椅子上跌下来。

tā dé le fēn
她得了8分。

dì wǔ míng tóng xué hái méi shàng tái   xiān zì bào jiā mén   wǒ jiào yǎ
第五名同学还没上台,先自报家门:"我叫哑

yǎ   wǒ shì yì míng xiǎo jī   jī suī xiǎo   dàn cái qì dà
哑,我是一名小鸡,鸡虽小,但才气大。

tā yì zhí zài xué dǎ míng   píng wěi men wú nài de yáo yao tóu   gěi le
她一直在学打鸣,评委们无奈地摇摇头,给了

tā   fēn
她7分。

zuì hòu yí gè shàng chǎng de shì huā huā   huā huā jīn tiān biǎo yǎn de gē
最后一个上场的是花花,花花今天表演的歌

qǔ jiào   yuè liang dài biǎo wǒ de xīn   tā de shēng yīn dú tè tián měi   ràng
曲叫《月亮代表我的心》,她的声音独特甜美,让

rén liú lián wàng fǎn
人流连忘返。

píng wěi men dǎ chū de fēn shù rú xià
评委们打出的分数如下:

fēn   fēn   fēn   fēn   fēn
9.9分、9.7分、9.8分、10分、10分。

zhè xià   nán zhù le bān li de tóng xué men   shī zi gǒu bù zhī dào rú
这下,难住了班里的同学们,狮子狗不知道如

hé jì suàn le
何计算了。

píng wěi men dǎ chū le zuì zhōng de fēn shù   fēn
评委们打出了最终的分数:9.9分。

zhè shì rú hé jì suàn chū lai de   xiǎo lè jì suàn le bàn tiān   yě méi
这是如何计算出来的?小乐计算了半天,也没

nòng míng bai
弄明白。

　　zhǔ rèn píng wěi shì yā zi huān huān　　tā zhàn qi lai　jiě shì
　　主任评委是鸭子欢欢，她站起来，解释

dào　　yīng gāi qù diào yí gè zuì gāo fēn　　fēn　zài qù diào yí gè zuì dī
道："应该去掉一个最高分10分，再去掉一个最低

fēn　　fēn liú xià yí gè　　fēn　yí gè　　fēn　yí gè　　fēn
分9.7分，留下一个9.8分，一个9.9分，一个10分，

píng jūn zhí jiù shì　　fēn　wǒ men yào gōng hè huā huā tóng xué róng huò nián jí
平均值就是9.9分，我们要恭贺花花同学荣获年级

gē chàng bǐ sài zǒng guàn jūn chēng hào　tā jiāng dé dào yí　cì miǎn fèi yóu chéng
歌唱比赛总冠军称号，她将得到一次免费游城

shì de jī huì
市的机会。"

　　yuán lái shì zhè me suàn de　wǒ men dōu gāi zhù hè huā huā　tài hǎo
　　"原来是这么算的，我们都该祝贺花花，太好

le　shī zi gǒu zhōng yú míng bai le
了。"狮子狗终于明白了。

想当领导的三角形

马上又要到讲故事的时间了。因为大家要学

三角形了，狮子狗觉得应该讲一个关于三角形的

故事。因此，他写了一篇关于三角形的文章，可

是，竟然不通顺。

没有办法，狮子狗只好重新写，可是，憋了大

半个晚上，他依然没有完成这个艰巨的任务。狮

子狗迷迷糊糊地睡着了，竟然梦到了许多的三角

形，有直角三角形、锐角三角形、钝角三角形等，他

们在开会呢。

狮子狗小心翼翼地躲在了他们后面，偷听他

们在说什么。

他们为什么要开这个会呢？原因很简单：就是

因为所有的三角形都想当领导，所以就召开了这个会：谁来当我们的领导？为了见证这个光荣而庄重的仪式，三角形们特地请了正方形、长方形、锐角、钝角、直角、四边形、五边形、六边形等来当评委（大约有100个吧），还请了铅笔和钢笔来当记分员（一个记赞同票，一个记反对票），又让橡皮擦来维持秩序，哦，还有一位主持人呢！他就是：水彩笔！就这样，所有成员都到齐了，评选就开始了。评选的规则就是：比谁的优点多，谁就有资格当领导！

水彩笔快步"走"上了舞台，说："大家好！今天我们要举行一个重大的仪式，这个仪式的内容是选领导，所以，仪式的题目就叫作找领导！好，下面有请第一位参赛选手：直角三角形！"

说完，就走下了台。下去时，给直角三角形做了一个手势，让他赶快上舞台讲话。直角三角形急忙走上了舞台。直角三角形一上舞台就急急忙忙地开始他的演讲了："哼！你们谁有我厉害？哪个三角形可以向我们直角三角形一样有一个直角哇？我的主人在画我的时候只需要把三角板的一个直角对齐下面那条横线就可以画出来了！还有，我的两个角都是锐角，我的主人看我的角的时候只需要看一眼便知道我的其他两个角都是锐角了！你们看，我的优点是不是比你们更多呀？我是不是能当最佳领导哇？你们都比不过我！哼！"说着，很高傲地抬了一下头，趾高气扬地走下了台。

直角三角形的话在其他的三角形代表中引起了一阵骚动，其他的三角形代表都很不以为然，渐渐地，声音越来越大，都传到橡皮擦的耳中了，橡皮擦朗声说："安静！就算要讨论也轮不到你们，都是评委讨论的。你们别说话！"

橡皮擦刚讲完，评委正方形就用他那醇厚的声音做了一番评论："我觉得直角三角形可以担当重任，但他这种高傲的脾气很不值得学习，以

后要虚心一点哦!我个人觉得你很阳光,很自信,

挺适合当领导的!我赞成他当领导!"正方形的

话遭招了其他评委的反对,有的觉得直角三角形

不好,有的觉得他不适合当领导……

　　主持人大声说道:"好了,评委们,你们别太激

动了!我们来投票吧!规则是这样的:你们打开座

位旁边的抽屉,在里边选出一张纸条,然后分别

投到这两个箱子里,1号是赞同,2号是反对,请各

位认真考虑,因为这关系着一位选手能不能当

上领导。"

　　狮子狗看明白了:"哎呀,领导有什么好当的

呀?争来争去的,多麻烦哪,我来当你们的领导

吧,如何?"

　　狮子狗醒了,大声地叫着:"我才是领导,我才

26

shì lǐng dǎo
是领导!"

　　mā ma pǎo le guò lái　wèn tā zěn me le　shī zi gǒu róu le róu shuì
　　妈妈跑了过来，问他怎么了，狮子狗揉了揉睡

yǎn　cái zhī dào zì jǐ gāng cái zuò le yí gè qí guài de mèng　āi ya yǒu
眼，才知道自己刚才做了一个奇怪的梦，哎呀有

le　gù shi yǒu le　gù shi de míng zi jiù jiào　xiǎng dāng lǐng dǎo de sān jiǎo
了，故事有了，故事的名字就叫《想当领导的三角

xíng
形》。

偷油的小老鼠

山羊的家里最近有贼了,山羊的妈妈早上告诉山羊:"家里接连丢了许多食物,一把青菜放在灶台上,今天早上不见了;还有一桶油,竟然被偷走了一半。"

山羊说:"妈妈,会不会是小偷进了我们家?"

妈妈说:"我不知道,如果再这样,我们家里就危险了。"

第二天上学时,山羊闷闷不乐,羚羊问:"小山羊,你怎么了?挨妈妈骂了吧?"

"我们家里进贼了,一直丢东西,妈妈晚上不敢睡觉,我也不敢睡,怕东西再丢,我白天上学时都无精打采的。"

山羊打着呵欠。

羊羊说："我一直想做一名神探，现在，终于有机会证明自己了，你听我的，保证可以真相大白。"

说完，他小声地告诉了山羊自己的计划，山羊听后，竟然哈哈大笑起来。

当晚，山羊与羊羊躲到了床下面，灯关了，不大会儿工夫，便传来了嘶嘶的声音，竟然是老鼠。

"是一只可恶的小老鼠，我们出来吧，相信我们可以抓到他的。"山羊小声说。

"小老鼠跑得飞快，除了猫外，任何动物都难以抓住他，我们只有智取，而不能强攻。"羊羊相信自己的办法是正确的。

依然是老鼠撕咬的声音，山羊按捺不住性子，刚想出去，羚羊说："等一下，会有好戏看的。"

果然，小老鼠来到了油桶面前，十分饥饿的样子，拧开了瓶盖，便开始偷油喝了。

可是，油刚喝进嘴里，便觉得不舒服，喝了几口后，嘴竟然被粘住了，油滴在地上，粘住了脚，动弹不得。

老鼠正要想办法逃跑时，灯亮了，山羊与羚羊站在了他的面前。

"原来是一只老鼠，说，哪儿来的，不是森林里的吧？"

小老鼠说不出话来，羚羊用一些水将他嘴里的胶水冲干净后，小老鼠气喘吁吁的。

　　"我实在没办法了，我妈妈病了，我是山外的，我偷油是为了让妈妈吃，今晚，我实在饿坏了，便先尝了几口。"

　　"你竟然是个孝顺的孩子，姑且相信你一次吧。"山羊说。

　　"我与你们一样，都是小学生，我是二年级的，相信我吧，我再也不敢了，求你们放我走吧，

wǒ mā ma réng rán zài bìng chuáng shàng ne　　xiǎo lǎo shǔ yǎn lèi diào le xià
我妈妈仍然在病床上呢？"小老鼠眼泪掉了下

lái
来。

líng yáng mǎ shàng shuō　　kě yǐ　　nǐ shuō nǐ shì xiǎo xué èr nián jí de
羊羊马上说："可以，你说你是小学二年级的

xué shēng hǎo ba　wǒ chū yí dào tí　zhǐ yào nǐ huí dá shàng lái　biàn fàng
学生，好吧，我出一道题，只要你回答上来，便放

nǐ zǒu
你走。

yì tǒng yóu lián tǒng zhòng　　qiān kè　　xiǎo lǎo shǔ tōu zǒu yí bàn
"一桶油连桶重100千克，小老鼠偷走一半

hòu　lián tǒng hái yǒu　　qiān kè　　nà me　　yuán lái tǒng li yǒu duō shao qiān kè
后，连桶还有60千克，那么，原来桶里有多少千克

de yóu　　yóu tǒng zhòng duō shao qiān kè　　líng yáng shuō
的油？油桶重多少千克？"羊羊说。

xiǎo lǎo shǔ rèn zhēn de tīng zhe　zǐ xì sī suǒ zhe
小老鼠认真地听着，仔细思索着。

shān yáng jué de zhè dào tí tài nán le　　zhè shì bái hè lǎo shī bái tiān
山羊觉得这道题太难了，这是白鹤老师白天

chū de yí dào shù xué tí　dāng shí　quán bān nà me duō de tóng xué　yí gè
出的一道数学题，当时，全班那么多的同学，一个

rén yě méi yǒu huí dá shàng lái
人也没有回答上来。

líng yáng yě bú huì zhè dào tí　tā zhè yàng zuò　bú guò shì xiǎng nán
羊羊也不会这道题，他这样做，不过是想难

wei yí xià zhè zhī huài lǎo shǔ　tóng shí yě xiǎn shì yí xià sēn lín xué xiào de
为一下这只坏老鼠，同时也显示一下森林学校的

wēi fēng

威风。

dàn zhǐ děng le piàn kè gōng fu xiǎo lǎo shǔ jiù yì pāi nǎo dai wǒ

但只等了片刻工夫，小老鼠就一拍脑袋："我

zhī dào le zhè dào tí nán bu zhù wǒ de wǒ céng jīng dài biǎo bān li cān jiā

知道了，这道题难不住我的，我曾经代表班里参加

guo ào shù bǐ sài dá àn jiù shì yuán lái tǒng li yǒu yóu qiān kè tǒng

过奥数比赛，答案就是，原来桶里有油80千克，桶

zhòng qiān kè

重20千克。"

nǐ men nàr de xiǎo xué shēng jìng rán zhè me lì hai ya kuài gěi

"你们那儿的小学生，竟然这么厉害呀？快给

wǒ men jiǎng jiang nǐ shì zěn me suàn chu lai de shān yáng tū rán jiān fēi

我们讲讲，你是怎么算出来的？"山羊突然间非

cháng chóng bài xiǎo lǎo shǔ le

常崇拜小老鼠了。

líng yáng yě tǐng pèi fú zhè zhǐ xiǎo lǎo shǔ de bú guò tā mǎ shàng

羚羊也挺佩服这只小老鼠的，不过，他马上

xiàng gè shén tàn shì de dà shēng jiào rǎng qi lai zhù yì sù zhì tā shì lái

像个神探似的大声叫嚷起来："注意素质，他是来

tōu dōng xi de

偷东西的。"

nǐ men kàn na yóu hé tǒng yí gòng zhòng qiān kè tōu zǒu le

"你们看哪，油和桶一共重100千克，偷走了

yí bàn hòu lián tǒng hái yǒu qiān kè nà me zhè jiù shuō míng tōu zǒu

一半后，连桶还有60千克，那么，这就说明，偷走

de yí bàn shì qiān kè qiān kè jiù shì

的一半是100-60=40千克，40+40=80千克，就是

油的总重量；油桶应该是100－80＝20千克喽。"小

老鼠兴奋起来，胶水的作用力小了，他跳起舞来。

"真是一只聪明的小老鼠，羚羊，我们放他走

吧，另外，我决定了，再送他一桶油，我相信他

说的话，祝福他和他的妈妈吧！"山羊有些感

动。

羚羊也不好意思地搔搔头，点头表示同意。

妈妈称赞了他们两个的行为，妈妈说："相信

小老鼠不会再去偷东西了，还有，你们已经成为

好朋友了。"

第二天上课时，山羊与羚羊共同走上讲台

讲了这道题，并且还讲了小老鼠偷油的故事，小蚂

蚁青青在台下直抹眼泪，说："太感动了，我也希

望这只小老鼠来我家里偷油，我会与他成为好

péng you de
朋友的。"

shān yáng de jiā li huī fù le ān níng　nà zhī xiǎo lǎo shǔ zài yě méi
　　山羊的家里恢复了安宁，那只小老鼠再也没

yǒu tōu guò dōng xi
有偷过东西。

生日蛋糕

绵绵要过生日了，妈妈承诺给她买一大堆的生日礼物，因此，生日当天，绵绵早早地起床了。

她早想好了，今天正好是周日，自己一会儿便打电话将自己认识的小朋友们全部请到家里来，吃蛋糕、吹蜡烛，对了，还要唱歌，还要出一下昌昌的洋相。

妈妈早在厨房里忙碌起来，不大会儿工夫，厨房里便传来了香气。

妈妈对绵绵说："你去买一个生日蛋糕吧，你自己喜欢的就行。"

孔雀阿姨的蛋糕店，就在不远的街角处。

绵绵一听有蛋糕吃，可高兴啦，从妈妈手中接过钱，乐滋滋地走了。不一会儿，绵绵就到了孔雀阿姨的蛋糕店。

孔雀阿姨见小山羊来了便亲切地问："小山羊，今天是你的生日吧，要买蛋糕吗？"

小山羊细声细气地说："是的。"

孔雀阿姨又问："妈妈告诉你要买多大的蛋糕哇？"

小山羊心想，买大蛋糕可以多吃些，于是说："挑最大的买。"

孔雀阿姨却说："我们店在搞活动呢，今天是你的生日，如果你能够回答上我们提出的问题，你便可以免费获得一份小的生日蛋糕，你看怎么样？"

"当然行啊，不过，孔雀阿姨，您不能为难我，我现在是小学二年级的学生，你不能出三年级的题目吧？"绵绵十分聪明。

"当然不会的，我出的题目，正是你们学过的内容。听好了绵绵。

将 + − × ÷ （ ）其中的几个运算符号，填入合适的地方，使下面的等式成立。

3　3　3　3 = 1。"

"啊，还说不难，够难了。"绵绵觉得有些委屈，不过，她觉得应该挑战一下这道难题。

绵绵认真地在地上计算着，算了好大会儿工夫，依然没有结果，她有些失望了，觉得自己好没用。

旁边，还有一个今天过生日的一年级小学生，他也在计算孔雀阿姨提出的问题。那个孩子虽然小，但算起题来却非常认真，一丝不苟的，不大会儿工夫，他便准确地回答了问题，他得到了一个小型的蛋糕，太好看了。

绵绵觉得自己也可以的，于是，她静下心来，开始仔细计算起来。

"啊，有答案了，标准答案为 $3 \div 3 + 3 - 3 = 1$ 或 $3 \div 3 \times 3 \div 3 = 1$。"

绵绵如释重负，孔雀阿姨称赞道："绵绵进

步真大呀。"说完，将一个小型蛋糕送给了绵绵。

绵绵刚到家门口，便遇到了许多同学，她兴奋地讲述了自己刚才的经历。

"绵绵，这么难的问题，你居然可以回答上来?"是昌昌的声音。

"昌昌，如果是你，肯定不会回答的，我敢保证。"绵绵高兴极了。

妈妈从厨房里出来了，虽然满脸汗水，但非常高兴，大家一起点燃了生日蜡烛，屋子里充满了欢声笑语。

统计的故事

bái hè lǎo shī kāi shǐ jiāo dà jiā xué xí tǒng jì zhī shi le   wèi le
白鹤老师开始教大家学习统计知识了，为了

tí gāo dà jiā de jī jí xìng bái hè lǎo shī wèn   bān li nǎ wèi tóng xué
提高大家的积极性，白鹤老师问："班里哪位同学

xǐ huan wán yóu xì ya
喜欢玩游戏呀？"

suǒ yǒu tóng xué dōu jǔ le shǒu tiān na   jìng rán quán bù dōu xǐ huan
所有同学都举了手。天哪，竟然全部都喜欢

wán
玩。

nà me   nǎ wèi tóng xué xǐ huan tǐ yù ya
"那么，哪位同学喜欢体育呀？"

zhè xià   rén shǎo le   yí bàn de tóng xué xǐ huan   nǚ hái zi dà duō
这下，人少了，一半的同学喜欢，女孩子大多

bù xǐ huan
不喜欢。

jiǎng le bàn tiān shí jiān lǎo shī bù zhì le shù xué shū hòu miàn de tí
讲了半天时间，老师布置了数学书后面的题

mù yào qiú dà jiā wán chéng
目，要求大家完成。

tí mù shì yào qiú xué shēng men wán chéng shū shang de tǒng jì tú běn
题目是要求学生们完成书上的统计图，本

lái shì xiǎng duì xīn xué de zhī shi jìn xíng yí gè gǒng gù liàn xí dàn shì lìng
来是想对新学的知识进行一个巩固练习，但是令

人没想到的是，学生们在完成统计图时遇到了

新的问题——喜欢游泳的人太多（有25人），而书

上的统计图用一个格子表示2个单位也只到20

人，这时孩子们犯愁了。

"该怎么办呢？"

教室里一下安静下来。

突然，鼹鼠小乐得意地说："那还不容易，再往

上加3个格子，涂2格半就可以了。"

这时，狮子狗班长提出了反对意见："这个办法不行，上面已经没有地方了，不能加。"

"那有没有更好的办法呢？"白鹤老师对大家说。

孩子们开始思索……

"我知道了，既然可以用一个格子表示2个单位，我也可以用一个格子表示3个单位。"绵绵站起来说。

有一个同学接着站起来说："我觉得也可以用一个格子表示4个。"

青青急得跳起来："不好，不好！"

"为什么不好呢？"白鹤老师问他。

她说："喜欢跑步的有5个人怎么涂呀？太麻烦

le
了。"

　　zhè shí　huáng xiǎo yáng tóng xué zhàn qi lai le　tā màn tiáo sī lǐ de
　　这时，黄小羊同学站起来了，她慢条斯理地

shuō　　wǒ jué de zuì hǎo yòng yí gè gé zi biǎo shì　gè rén　yīn wèi zhè
说："我觉得最好用一个格子表示5个人，因为这

xiē shù dōu shì　gè　gè de　rú xǐ huan pǎo bù de yǒu　rén　shì yí gè
些数都是5个5个的，如喜欢跑步的有5人，是一个

xǐ huan tiào shéng de yǒu　rén　shì　gè　xǐ huan yóu yǒng de yǒu
5；喜欢跳绳的有10人，是2个5；喜欢游泳的有25

rén　shì　gè　yòng yì gé biǎo shì　gè hěn róng yì yě hěn fāng biàn　hái
人，是5个5。用一格表示5个很容易也很方便。"孩

zi men dōu diǎn tóu biǎo shì zàn chéng
子们都点头表示赞成。

　　lǎo shī kěn dìng le　tā men de xiǎng fǎ　rán hòu shùn shì yǐn dǎo tā men
　　老师肯定了他们的想法，然后顺势引导他们

shuō　　qǐng nǐ xiǎng yi xiǎng zài zhì zuò tǒng jì tú shí zěn yàng què dìng yí gè
说："请你想一想在制作统计图时怎样确定一个

gé zi biǎo shì jǐ gè ne
格子表示几个呢？"

　　hái zi men kāi shǐ tǎo lùn　bù yí huìr　hěn duō hái zi jǔ qǐ le
　　孩子们开始讨论，不一会儿，很多孩子举起了

xiǎo shǒu
小手。

　　wǒ jué de gēn tǒng jì de gè shù yǒu guān　rú guǒ bú shì hěn duō
　　"我觉得跟统计的个数有关，如果不是很多，

jiù yòng yí gè gé zi biǎo shì yí gè
就用一个格子表示一个。"

"我想要先观察统计的个数的特点，再确定一个格子表示几个。"

"对！我觉得还应该观察最大的数和最小的数，来确定格子的数量。"

"是的，我想，要确定一个格子表示几个，应该先观察数的特点和统计数量的多少，还要想到涂的时候怎样比较方便。"

"你们想得真好，你们愿意自己设计一个统计图吗？"

"愿意。"同学们异口同声地回答。

奇怪的偷盗案

鼹鼠小乐放学回家的路上，竟然发现虎警领着许多警察，向西山的某个地方快步前进。

"出什么事情了？"小乐好奇心一向很强，他看过无数本侦探故事，也想成为一名大名鼎鼎的警察，因此，他便问旁边扫地的一位保洁阿姨。

"听说，西山有一个富翁家里被盗了，许多古玩丢失了，富翁是在西山买的土地，曾经向森林系统捐赠过许多钱。"

一路上，动物们交头接耳，有的说："人类在我们森林系统的地盘上丢失了东西，自然要森林警察破案。"

另一个小动物说："如果这案子破不了，恐怕人类不会再来这儿买地盖房子了，也会影响百货公司的生意。"

小乐问他们："他们家有多少钱哪？"

"孩子，那个富翁，富可敌国，听说他家的钱，可以买下一个葡萄牙，你说有多少钱哪？"

我的天哪，能够买下一个国家。

小乐起了好奇心，一眼看到了正准备回家的狮子狗，他对狮子狗说："班长，你有时间吗？"

"当然有时间，我今天晚上不想做作业。"

"如果有时间，我们去一次西山，看看警察是如何破案的？或许，我们可以帮助他们，下周，我们就可以联合写一部侦探小说了。"小乐的眼里充满了激情。

"当然可以，不过，时间不会太久吧，我的老

mā yí huìr kàn bu dào wǒ jiù huì dào chù zhǎo de shī zi gǒu yǒu
妈一会儿看不到我，就会到处找的。"狮子狗有

xiē yóu yù
些犹豫。

zǒu ba bàng wǎn qián yí dìng huí lái wǒ men yīng gāi xiāng xìn
"走吧，傍晚前，一定回来，我们应该相信

hǔ jǐng
虎警。"

lù shang yǒu xǔ duō xiǎo dòng wù tā men dōu shì cháo xī shān fāng xiàng
路上有许多小动物，他们都是朝西山方向

qù de yǒu de jìng rán shuō bù hǎo le tīng shuō ā lǐ bā bā dà dào huí
去的，有的竟然说："不好了，听说阿里巴巴大盗回

lái le tā lián qióng rén yě bú fàng guò wǒ men kě yào zāo yāng le
来了，他连穷人也不放过，我们可要遭殃了。"

yǒu de zé shuō tīng shuō zhè àn zi qí le guài le méi yǒu liú xià rèn
有的则说："听说这案子奇了怪了，没有留下任

hé jiǎo yìn hǔ jǐng zhèng yì chóu mò zhǎn ne
何脚印，虎警正一筹莫展呢!"

děng tā men dào dá xī shān bié shù qū shí xiàn chǎng yǐ jīng yǒu le wú
等他们到达西山别墅区时，现场已经有了无

shù míng jǐng chá jiè bèi
数名警察戒备。

hǔ jǐng yǐ jīng kān chá le xiàn chǎng kě shì xiàn chǎng méi yǒu liú xià
虎警已经勘查了现场，可是，现场没有留下

rèn hé zhèng jù
任何证据。

hǔ shū shu ràng wǒ jìn qù kàn kan xíng ma shī zi gǒu lái le
"虎叔叔，让我进去看看，行吗?"狮子狗来了

劲头，他的父亲与虎警曾经是同事，因此，他上前向虎警问好。

"哎呀，孩子，我快急死了，你别凑热闹呀！"

"虎叔叔，我们可是森林学校里的小能人，我曾经看过侦探小说，也许有用的。"小乐自我推荐自己。

"你们进去，可要小心点，不要破坏现场。"

虎警无暇顾及他们，一边打着电话，一边吼着什么。

鼹鼠小乐与狮子狗迈过了警戒线，小心翼翼地来到了屋里，好气派的景象。

高级沙发、象牙床、电视、洗衣机、冰箱，应有尽有，特别是出事的地方，里面全是古玩字画，听说还有两千年前的物品。

狮子狗大大咧咧地瞅着，他对这些珍贵的东

西充满了兴趣，而小乐则不然，他跳上了窗台，

又上了床，睁着眼睛仔细寻找蛛丝马迹，但是

没有任何发现。

一个负责勘查现场的警察在自言自语："怪

了，什么也没有留下，连擦拭的痕迹也没有，他是

怎样作案的？"

小乐在窗户的玻璃前，停下了脚步，窗户是

在里面锁住的，外面根本无法打开，因此，警察在

此并未发现任何端倪，但小乐却发现，玻璃被人

动过，上面竟然有轻微的爪印。

小乐对狮子狗说："端一盆热水来。"

"要热水干什么？"

"伟大的发现，快！"

狮子狗进了厨房，不大会儿工夫，热水来了，

小乐将热水放在窗台的玻璃下面，蒸汽在升

腾，不大会儿工夫，玻璃上面布满了水汽，在水汽

中间，竟然发现两个奇怪的爪印。

　　"盗贼一定是将这扇玻璃挪走了，用钩子钩走

了古玩，完事后，再将玻璃装了上去，他由于心

慌，竟然忘了擦拭上面的痕迹。"小乐说出了自

己的判断。

虎警示意大家不要说话，听小乐继续说。

小乐说："如果知道这脚印是哪个动物的，就可以抓住盗贼了。"

"这分明是狼的脚印，并且，不是一只普通的狼，他高大威猛，像是恶狼风风留下来的。"一个警察认出了这脚印。

"来人哪，去找风风，上天入地，也要将他带过来。"虎警命令道。

一帮警察，风风火火地赶到了恶狼风风的家里，恶狼竟然在家睡觉呢，几个警察不容分说，将他抓了起来。

风风大声吆喝着："我是被冤枉的，你们有什么证据？"

虎警掐着腰："风风，交代吧，为什么偷东西，古玩弄哪儿去了？"

"你们无事生非，我要到警察局告你，我昨天晚上一直在家里！"

"失窃案发生在昨天晚上十时许，你在家做什么？"虎警说。

"昨天晚上9：30—11：30分，两个小时时间，我做饭花了30分钟，吃饭花了30分钟，15分钟烧水，10分钟取茶叶，10分钟泡茶，其余25分钟，我在洗衣服，就是这样，哪有作案时间。我们家虽然住在西山，可是，我从家跑到别墅，作案再回来，怎么也要30分钟啊，我哪里挤出这30分钟时间呀？"

恶狼风风说得头头是道，虎警一时间不知所措，他一边手里计算着，一边搔头，显然，他的数学

chéng jì bù zěn me hǎo
成绩不怎么好。

nǐ shuō huǎng　nǐ yí dìng kě yǐ téng chū　fēn zhōng shí jiān lái
"你说谎，你一定可以腾出30分钟时间来

de　nǐ zuò fàn de shí hou　zhǔ fàn xū yào shí jiān　nǐ kě yǐ tóng shí xǐ
的，你做饭的时候，煮饭需要时间，你可以同时洗

yī fu　nǐ shāo shuǐ de shí hou　kě yǐ tóng shí qù qǔ chá yè　nǐ yǒu zuò
衣服；你烧水的时候，可以同时去取茶叶，你有作

àn shí jiān　xiǎo lè yǔ shī zi gǒu jǐ hū tóng shí jiào le chū lái
案时间。"小乐与狮子狗几乎同时叫了出来。

guǒ rán shì tiān cái　sēn lín xiǎo xué míng bù xū chuán ya　fēng fēng
"果然是天才，森林小学名不虚传呀！风风，

nǐ yǒu hé huà jiǎng　hǔ jǐng nù mù ér shì
你有何话讲？"虎警怒目而视。

zhè ge　zhè ge　wǒ jì suàn cuò le　zěn me huì zhè yàng　fēng
"这个，这个，我计算错了，怎么会这样？"风

fēng shǎ yǎn le　jiāo dài le suǒ yǒu de jīng guò　bìng qiě　cóng zì jǐ de dì
风傻眼了，交代了所有的经过，并且，从自己的地

jiào li qǔ chū le gāng gāng dào lái de gǔ wán
窖里取出了刚刚盗来的古玩。

àn zi pò le　xiǎo lè yǔ shī zi gǒu shòu dào le jǐng chá jú de
案子破了，小乐与狮子狗受到了警察局的

biǎo zhāng
表彰。

jiào shì li　tóng xué men fēn fēn jiāng xiǎo lè hé shī zi gǒu wéi zhù
教室里，同学们纷纷将小乐和狮子狗围住。

yǒu de shuō　wǒ jiā de zì xíng chē diū le　nǐ men tì wǒ chá cha
有的说："我家的自行车丢了，你们替我查查

bei
呗！”

　　　yǒu de shuō　　wǒ de qiān bǐ hé diū le　nǐ men néng bāng zhù pò
　　有 的 说 ："我 的 铅 笔 盒 丢 了 , 你 们 能 帮 助 破

àn ma
案 吗 ？"

　　……

分马

清晨，白鹤老师接到了一个电话，她的一个朋友，由于得了严重的疾病，要离开人世了。

白鹤老师与自己的孩子小鹤一起，飞往他们家，当然，在离开家之前，白鹤老师向大熊校长请了假。

小鹤已经是四年级的小学生了，她也在森林学校上学，学习成绩十分优异。

白鹤老师她们到了朋友家里时，她的朋友已经奄奄一息了，由白鹤老师作证，他要分配自己的财产。

他的财产主要是一些马，这些马是他这些年攒下的家当。

白鹤老师的朋友对儿子们说："我有十七匹马，留给你们，三个人分。分马的时候，老大呢，出力最多，得总数的二分之一，老二嘛，得总数的三分之一；老三最小，就拿总数的九分之一。"

勉强说完这几句话，老人就去世了。

白鹤老师十分伤感，小鹤也哭了起来。

但三兄弟在执行遗嘱时，一致认为这些马是父亲生前的心爱之物，决不能将其中任何一匹劈成几块，但是遗嘱又要完全照办，该如何是好呢？

小鹤觉得自己有把握，便对妈妈说："我来分，几位大哥看我分得是否公平。"

猜猜看，小鹤是怎样分马的？

"17 的二分之一、三分之一、九分之一都不是

zhěng shù　　zhè kě zěn me bàn ne　　xiǎo hè de nǎo dai fēi kuài de zhuàn zhe
整数，这可怎么办呢？"小鹤的脑袋飞快地转着。

yǒu bàn fǎ le　　xiǎo hè yì pāi zì jǐ de nǎo mén
"有办法了！"小鹤一拍自己的脑门。

xiǎo hè xiàng lín jū jiè le yì pǐ mǎ　xiàn zài yí gòng yǒu　　pǐ
小鹤向邻居借了一匹马，现在一共有18匹

mǎ le
马了。

xiàn zài kāi shǐ fēn mǎ　lǎo dà dé zǒng shù de èr fēn zhī yī　jiù
"现在开始分马，老大得总数的二分之一，就

shì　pǐ mǎ lǎo èr dé zǒng shù de sān fēn zhī yī　jiù shì　pǐ mǎ lǎo
是9匹马，老二得总数的三分之一，就是6匹马，老

sān dé zǒng shù de jiǔ fēn zhī yī　jiù shì　pǐ mǎ　sān gè rén yí gòng fēn
三得总数的九分之一，就是2匹马，三个人一共分

到17匹马，正好是老先生留下来的财产总数，剩

下的一匹马还给邻居。"

难题就这样被小鹤举重若轻地解决了，众人

纷纷称赞小鹤聪明、机智。

有的人好奇地问："请问，你为什么这么分马呢？

你是怎么想到的？"

小鹤解释道："因为希望每人得到的马都是整

数匹，所以根据遗嘱，在分马的时候，马的匹数应

该是三个数的公倍数。2,3,9的最小公倍数是18，

因而在分马时，马匹总数最好能是18匹。老人留给

儿子们的马是17匹，我从邻居处借来一匹，共有18

匹马参加分配。三个人分了17匹马，正好是老先

生留下来的遗产总数，借来的马还给邻居，这个

问题就迎刃而解了。"

三个儿子十分感激小鹤："没有想到，你小小年纪，居然如此聪明，我替父亲感谢你了。"

"不客气，下回有难解的数学问题，一定找我，我有办法的，如果没有办法，我有一帮朋友，猴子昌昌、小蚂蚁青青等，他们可聪明了，能解出世界上的很多难题。"

"哈哈，太好了，我们三人数学不好，下次有难题，一定打电话请教你！"大儿子高兴地说。

昌昌的乘法

猴子昌昌得了厌学症，尤其不喜欢乘法。

老师虽然布置了许多家庭作业，但昌昌总是不认真完成。

怎么办呢？昌昌的妈妈、爸爸有了新办法，就是带着他去超市，超市里有许多物品，可以趁机问他许多问题，这种新型的教学方法，一定会让他记得十分牢固。

昌昌知道他们其实是想"验收"自己的学习成果，因此，并不配合爸爸的想法，常常找借口不去超市，就是去了，也想方设法地逃走。

昌昌不管三七二十一，见东西就要，他上蹿下跳的，爸爸和妈妈在洗漱用品摊位时，他早已经跑到蔬菜区等候了。

昌昌妈妈生气了，要求他不要乱跑。

超市里的食品琳琅满目：巧克力32元一斤、蛋糕6元一斤、鱼片33元一斤、瓜子15元一斤……

他们买了1斤巧克力和2斤蛋糕，爸爸问昌昌："这些食物需要多少钱哪？"

昌昌认为这个简单，事先准备好了一个小本子，爸爸一说，便记了下来，因此爸爸一问，昌昌马上不假思索地回答："一共需要44元。"

妈妈拿出一张50元，问昌昌该找多少钱？

昌昌都对答如流，爸爸、妈妈对昌昌的表现还是很满意的，昌昌不禁沾沾自喜起来。

这次考验算是成功过关了，次数多了，昌昌找到了乘法的规律，学习乘法的兴趣也增加了。

每次到外婆家，昌昌都会用九九乘法表去考考同样上小学二年级的表弟。

有一次，他们俩玩扮演老师和学生的游戏，昌昌扮老师，表弟扮学生，昌昌给表弟出了二十道乘法算式题，限时五分钟完成……

wǔ fēn zhōng hěn kuài jiù dào le　　xué shēng　 què hái yǒu yí dào tí méi
五分钟很快就到了，"学生"却还有一道题没

zuò wán
做完。

kuài diǎn　kuài diǎn　 chāng chāng bù tíng de cuī cù
"快点！快点！"昌昌不停地催促。

sān qī dé duō shao　 biǎo dì kàn xiàng tā bà ba　　yòng yǎn shén qiú
"三七得多少？"表弟看向他爸爸，用眼神求

zhù
助。

zuò yè yào dú lì wán chéng zhuā jǐn　　wǒ yào shōu zuò yè le
"作业要独立完成！抓紧！我要收作业了！"

chāng chāng lì shēng shuō dào
昌昌厉声说道。

biǎo dì yí kàn méi zhé le　 zuǐ li gū nong le yì shēng　　guǎn tā sān
表弟一看没辙了，嘴里咕哝了一声，"管他三

qī èr shí yī　 xiě gè　　 lā dǎo　 cuò le zài gǎi
七二十一，写个23拉倒，错了再改。"

zhè shí　 suǒ yǒu zài yì páng de dà rén　 zài yě rěn bu zhù le　 dōu
这时，所有在一旁的大人，再也忍不住了，都

hā hā dà xiào qǐ lai　 jiù jiu shuō　　 nǐ gè xiǎo hú tu chóng nga　 zěn me
哈哈大笑起来，舅舅说："你个小糊涂虫啊，怎么

shuō nǐ hǎo ne　 sān chéng qī jiù shì děng yú èr shí yī ya
说你好呢，三乘七就是等于二十一呀！"

jīng guò zhè jiàn shì　 biǎo dì xué xí qǐ lai bǐ yǐ qián rèn zhēn duō le
经过这件事，表弟学习起来比以前认真多了，

dāng chāng chāng yòng chéng fǎ kǒu jué kǎo tā de shí hou　 tā yí cì dōu méi bèi
当昌昌用乘法口诀考他的时候，他一次都没被

nán dǎo guò　chāng chāng hěn pèi fú　tā de yì lì　biǎo shì yào xiàng tā xué
难倒过，昌 昌 很佩服他的毅力，表示要向他学

xí　yǒu le mù biāo hòu　yǎo　jǐn bú fàng sōng
习，有了目标后"咬"紧不放松。

昌昌要去植物园

猴子昌昌周六的时候，想去植物园玩耍，植物园里可漂亮了，有各种各样稀奇古怪的植物，听说，还有会爬行的人参呢!

昌昌不知道植物园怎么走，他只好在一个偏僻的小路上一直向前走，走了大约200米，看到了一座高大的建筑物，哈哈，这么容易吗?植物园到了?

原来是一座小型的加工厂。

昌昌正着急时，突然看到有一辆车停在面前，一个高个子的人站在了他的面前。

"小朋友，我想问一下，动物园怎么走哇?"

"他们想去动物园，我知道在哪儿呀!可是，我却想去植物园，哎，有了，这么办最好了。"

昌昌说："动物园就在植物园的旁边，你知道植物园在哪儿吗？"

那人说："怪了，植物园就在不远处呀，没听说旁边就是动物园哪？"

不过，他思索了片刻后，说："小朋友，从这个地方往北走1 000米，再向西北方向走400米，再向北走800米，植物园就到了，你确认动物园就在植物园旁边吗？"

"当然是的，我可是小地图呀，这样吧，我坐你的车，你将我拉到植物园，我再告诉你动物园怎么走？"昌昌耍起了小聪明。

那人说："当然可以，上车吧，小朋友。"

昌昌还是头一次坐如此宽敞的车，感觉舒

服极了，一路上，他哼着小曲，惹得旁边一个小姑

娘一直用眼睛瞪他，示意让他安静点。

植物园到了，昌昌跳下了车。

"谢谢叔叔，不过，我不知道动物园在哪儿？"

"啊，你这小子！小孩子是不能骗人的，你竟然

骗了我们。"小姑娘觉得受了委屈。

昌昌想跑，可是觉得没有面子，后面就是植

物园的大门了，昌昌左右为难。

恰在此时，植物园的门卫听到了动静，走了出

来，当他知道猴子昌昌的恶作剧后，说："昌

昌，你不认识我了吗？我与你的爷爷可是好朋友

呀，你不希望我将此事告诉你爷爷吧！"

"不不，爷爷，我知错了，您知道动物园在哪

儿吗？"

"从这里一直向西1 000米，再向南走800米，看到一根大烟筒，旁边有一个十字路口，有红绿灯，再向西走大约2 000米，就到了，有些远，不过，你开着车，不会有问题的。"

门卫老爷爷十分熟悉周围的道路。

那人开着车走远了。

昌昌意识到自己的错误了，真心地说："爷爷，对不起，我错了。"

"孩子，做人要诚实，不能说谎话，你如果直接告诉人家，请他拉你来植物园，他也会乐意的。"

昌昌羞愧地恨不得找个地缝钻进去。

"孩子，进植物园吧，我告诉你人参在哪个地方。"

"我知道，我在网上看过的，西门进去向前

zǒu dà yuē　　mǐ　zài yòu guǎi wān　　mǐ　zài xiàng qián zǒu lù guò yí gè
走大约800米，再右拐弯700米，再向前走路过一个

shān dòng　jiù dào le
山洞，就到了。"

chāng chāng gāo xìng qǐ lái
昌昌高兴起来。

wǎng shang shuō de nà xiē　dōu shì lǎo huáng lì le　gào su nǐ hái
"网上说的那些，都是老皇历了，告诉你孩

zi　wǒ zhèr　cái shì zuì xīn bǎn běn　xiàng qián zǒu dà yuē　　mǐ　zài zuǒ
子，我这儿才是最新版本，向前走大约800米，再左

guǎi wān　　mǐ　zuǒ biān de shān dòng li　zhù zhe rén shēn na
拐弯800米，左边的山洞里，住着人参哪。"

á　wǎng shang méi yǒu gèng xīn ma　hóu zi chāng chāng sāo zhe tóu
"啊，网上没有更新吗？"猴子昌昌搔着头，

bù hǎo yì si de xiào le qǐ lái
不好意思地笑了起来。

终于说服了妈妈

绵绵家里的锅坏了，漏水，绵绵在做饭时，水漏了出来，厨房里烟雾冲天的，幸亏发现早，不然，可能会有大事故发生呢？

妈妈回到家，拿起锅便要去修理。

"妈妈，你怎么又修理呀，扔了，再买一个新的吧。"

绵绵觉得妈妈太节俭了，家里的冰箱，修了十多次了，爸爸刮胡子用的剃须刀也去修，害得爸爸刮胡子时，竟然刮到了肉。

妈妈说："过日子要知道节俭，能修就修，买新的，那得多少钱哪？"

绵绵一直在统计着修理费用，比如说冰箱

吧,修了11次了,维修费用一共花了340多元钱,可是买一台新冰箱呢,才500多元钱。

怎么样才能说服妈妈呢?

绵绵决定与妈妈一起去修锅。

修锅的地方就在超市里,绵绵趁着妈妈与修理员讨价还价之时,便跑到了卖锅的摊位前,一口新锅才89元,超市里搞活动呢,买一台冰箱,便可以赠送一口新锅和一台豆浆机。

绵绵将妈妈拉到了旁边,与妈妈算起账来。

"妈妈,你看哪,你修锅的费用,算上这一次,估计已经花费60多元钱了吧,一口新锅才89元,如果我们多买,还可以赠送礼品。"

妈妈觉得绵绵说得有道理,不过,她观念陈旧,一时半会还接受不了。

"89元的新锅，我好久没有逛超市了。"

"我们家的冰箱，修理费花了340元钱，还有一点，太浪费电了，我比较了一下新型冰箱的节能效果，家里的老冰箱，每月电费约22元，新型冰箱每月电费才2元钱，每月节省20元，每年节省240元，修理的费用加上节省的电费就是580元，我们买一台小冰箱，才500多元，哪个划算？"

"还有呢，妈妈，就说这锅吧。修来修去的也不

ān quán　rú guǒ yǐn fā ān quán shì gù　jiù gèng má fan le
安全，如果引发安全事故，就更麻烦了。"

　　páng biān de yíng yè yuán yě pǎo le guò lái　shuō　zhè wèi jiā zhǎng
　　旁边的营业员也跑了过来，说："这位家长，

hái zi shuō de shì yǒu dào lǐ de　wǒ men chāo shì gǎo huó dòng ne　rú guǒ
孩子说的是有道理的，我们超市搞活动呢，如果

mǎi yì tái　　yuán de bīng xiāng　zèng sòng yì kǒu xīn guō hé yì tái xīn de
买一台500元的冰箱，赠送一口新锅和一台新的

dòu jiāng jī
豆浆机。"

　　mā ma zhōng yú xià dìng jué xīn　mǎi le yì tái bīng xiāng　zèng sòng yì
　　妈妈终于下定决心，买了一台冰箱，赠送一

kǒu xīn guō hé yì tái xīn de dòu jiāng jī
口新锅和一台新的豆浆机。

　　mā ma　　nín de lǎo guān niàn yào gǎi yí xià le　jiā li chén jiù de
　　"妈妈，您的老观念要改一下了，家里陈旧的

wù pǐn dōu kě yǐ rēng diào　mǎi xīn de　qí shí bǐ yòng jiù de　jì shěng xīn
物品都可以扔掉。买新的，其实比用旧的既省心，

yòu shěng qián　hái yǒu　bà ba de guā hú dāo　yě gāi mǎi gè xīn de le
又省钱，还有，爸爸的刮胡刀，也该买个新的了

ba　bà ba tài shòu le　ròu kě bù duō yo
吧？爸爸太瘦了，肉可不多哟！"

　　mián mián yì xí huà　rě de mā ma dà xiào qǐ lai
　　绵绵一席话，惹得妈妈大笑起来。

神奇的"5"

今天，白鹤老师为大家讲解数字的奥妙，狮子狗老是在下面捣乱，白鹤老师一怒之下，点了他的名字，要求他到台上来。

白鹤老师出了几道题，要求狮子狗计算出来。

题目分别是：

246 × 5，322 × 5，122 × 5。

狮子狗觉得这些题目太简单了，不大会儿工夫，便算了出来。

白鹤老师示意他坐到自己的座位上，虽然没有批评他，但白鹤老师犀利的眼神令狮子狗不寒而栗。

大家不知道老师的用意时，白鹤老师突然说：

"今天，我们请出来一个特别的数字，5先生，大家不要小瞧他，我放一段视频，大家可以看看，5有多么奇妙。"

在数学城电子计算器展销中心，售货员熟练地操作着各种型号的电子计算器，计算着各种问题。观看的人不时发出一阵阵赞叹声，算得多快多准呀。人群中不少小学生拉着自己的爸爸妈妈，吵着要买电子计算器。做数学题时有了它，该多好哇！

"不!"忽然,一个身材奇特的小矮人跳上了柜台,摇着手,对小学生说:"小朋友不宜用这样的东西,要从小培养自己的计算能力,学会简便算法。有了好算法,有时候算起来比计算器还快呢。"

大家一齐把目光集中在小矮人身上,仔细一看,原来是外号叫"半截儿"的小"5"。

"什么?你能比我的计算器算得还快?"售货员奇怪地问。

小"5"说:"你不信,我们试试。"

说着,小"5"对大家说:"你们随便报一个数,求这个数乘以5的积,售货员请用电子计算器也一起算,看谁快?"

"好!"大家一齐喊道。观看的人群中有人先

<ruby>bào<rt>bào</rt></ruby> <ruby>le<rt>le</rt></ruby> <ruby>gè<rt>gè</rt></ruby> <ruby>suàn<rt>suàn</rt></ruby> <ruby>shì<rt>shì</rt></ruby>
报了个算式"246×5"。

<ruby>xiǎo<rt>xiǎo</rt></ruby>　　　<ruby>tuō<rt>tuō</rt></ruby> <ruby>kǒu<rt>kǒu</rt></ruby> <ruby>ér<rt>ér</rt></ruby> <ruby>chū<rt>chū</rt></ruby>
　"1 230。"小"5"脱口而出。

　"314×5，289×5……"

<ruby>xiǎo<rt>xiǎo</rt></ruby>　　　<ruby>zhí<rt>zhí</rt></ruby> <ruby>jiē<rt>jiē</rt></ruby> <ruby>bào<rt>bào</rt></ruby> <ruby>le<rt>le</rt></ruby> <ruby>chū<rt>chū</rt></ruby> <ruby>lái<rt>lái</rt></ruby>
　"1 570，1 445……"小"5"直接报了出来。

<ruby>shòu<rt>shòu</rt></ruby> <ruby>huò<rt>huò</rt></ruby> <ruby>yuán<rt>yuán</rt></ruby> <ruby>hái<rt>hái</rt></ruby> <ruby>wèi<rt>wèi</rt></ruby> <ruby>lái<rt>lái</rt></ruby> <ruby>de<rt>de</rt></ruby> <ruby>jí<rt>jí</rt></ruby> <ruby>cāo<rt>cāo</rt></ruby> <ruby>zuò<rt>zuò</rt></ruby> <ruby>wán<rt>wán</rt></ruby>　<ruby>dé<rt>dé</rt></ruby> <ruby>shù<rt>shù</rt></ruby> <ruby>jiù<rt>jiù</rt></ruby> <ruby>bèi<rt>bèi</rt></ruby> <ruby>xiǎo<rt>xiǎo</rt></ruby>
　售货员还未来得及操作完，得数就被小"5"

<ruby>shuō<rt>shuō</rt></ruby> <ruby>chū<rt>chū</rt></ruby> <ruby>lai<rt>lai</rt></ruby> <ruby>le<rt>le</rt></ruby>
说出来了。

<ruby>hǎo<rt>hǎo</rt></ruby> <ruby>wa<rt>wa</rt></ruby>
　"好哇！"

<ruby>dà<rt>dà</rt></ruby> <ruby>jiā<rt>jiā</rt></ruby> <ruby>rè<rt>rè</rt></ruby> <ruby>liè<rt>liè</rt></ruby> <ruby>de<rt>de</rt></ruby> <ruby>gǔ<rt>gǔ</rt></ruby> <ruby>qǐ<rt>qǐ</rt></ruby> <ruby>zhǎng<rt>zhǎng</rt></ruby> <ruby>lái<rt>lái</rt></ruby>　<ruby>xiǎo<rt>xiǎo</rt></ruby>　　　<ruby>xiào<rt>xiào</rt></ruby> <ruby>zhe<rt>zhe</rt></ruby> <ruby>shuō<rt>shuō</rt></ruby>　<ruby>zhè<rt>zhè</rt></ruby> <ruby>jiào<rt>jiào</rt></ruby>
　大家热烈地鼓起掌来。小"5"笑着说："这叫

<ruby>zuò<rt>zuò</rt></ruby>　<ruby>tiān<rt>tiān</rt></ruby> <ruby>líng<rt>líng</rt></ruby> <ruby>zhé<rt>zhé</rt></ruby> <ruby>bàn<rt>bàn</rt></ruby> <ruby>fǎ<rt>fǎ</rt></ruby>　　<ruby>yīn<rt>yīn</rt></ruby> <ruby>wèi<rt>wèi</rt></ruby>　　<ruby>shì<rt>shì</rt></ruby>　　<ruby>de<rt>de</rt></ruby> <ruby>yí<rt>yí</rt></ruby> <ruby>bàn<rt>bàn</rt></ruby>　<ruby>yí<rt>yí</rt></ruby> <ruby>gè<rt>gè</rt></ruby> <ruby>shù<rt>shù</rt></ruby> <ruby>chéng<rt>chéng</rt></ruby> <ruby>yǐ<rt>yǐ</rt></ruby>
作'添零折半法'，因为5是10的一半，一个数乘以

<ruby>zhǐ<rt>zhǐ</rt></ruby> <ruby>yào<rt>yào</rt></ruby> <ruby>bǎ<rt>bǎ</rt></ruby> <ruby>zhè<rt>zhè</rt></ruby> <ruby>gè<rt>gè</rt></ruby> <ruby>shù<rt>shù</rt></ruby> <ruby>kuò<rt>kuò</rt></ruby> <ruby>dà<rt>dà</rt></ruby>　<ruby>bèi<rt>bèi</rt></ruby>　<ruby>zài<rt>zài</rt></ruby> <ruby>zhé<rt>zhé</rt></ruby> <ruby>bàn<rt>bàn</rt></ruby> <ruby>jiù<rt>jiù</rt></ruby> <ruby>xíng<rt>xíng</rt></ruby> <ruby>le<rt>le</rt></ruby>　<ruby>bǐ<rt>bǐ</rt></ruby> <ruby>rú<rt>rú</rt></ruby>
5，只要把这个数扩大10倍，再折半就行了。比如，

246×5＝2 460÷2＝1 230。"

<ruby>wǒ<rt>wǒ</rt></ruby> <ruby>men<rt>men</rt></ruby> <ruby>zài<rt>zài</rt></ruby> <ruby>lái<rt>lái</rt></ruby> <ruby>bǐ<rt>bǐ</rt></ruby> <ruby>yi<rt>yi</rt></ruby> <ruby>bǐ<rt>bǐ</rt></ruby>　<ruby>shòu<rt>shòu</rt></ruby> <ruby>huò<rt>huò</rt></ruby> <ruby>yuán<rt>yuán</rt></ruby> <ruby>bù<rt>bù</rt></ruby> <ruby>fú<rt>fú</rt></ruby> <ruby>qì<rt>qì</rt></ruby> <ruby>de<rt>de</rt></ruby> <ruby>shuō<rt>shuō</rt></ruby>
　"我们再来比一比。"售货员不服气地说。

<ruby>hǎo<rt>hǎo</rt></ruby>　<ruby>wǒ<rt>wǒ</rt></ruby> <ruby>men<rt>men</rt></ruby> <ruby>lái<rt>lái</rt></ruby>　<ruby>jì<rt>jì</rt></ruby> <ruby>suàn<rt>suàn</rt></ruby> <ruby>rèn<rt>rèn</rt></ruby> <ruby>yí<rt>yí</rt></ruby> <ruby>gè<rt>gè</rt></ruby> <ruby>mò<rt>mò</rt></ruby> <ruby>wèi<rt>wèi</rt></ruby> <ruby>shù<rt>shù</rt></ruby> <ruby>shì<rt>shì</rt></ruby>　<ruby>de<rt>de</rt></ruby> <ruby>liǎng<rt>liǎng</rt></ruby> <ruby>wèi<rt>wèi</rt></ruby> <ruby>shù<rt>shù</rt></ruby>
　"好，我们来计算任一个末位数是5的两位数

<ruby>de<rt>de</rt></ruby> <ruby>píng<rt>píng</rt></ruby> <ruby>fāng<rt>fāng</rt></ruby>　<ruby>xiǎo<rt>xiǎo</rt></ruby>　　　<ruby>shuō<rt>shuō</rt></ruby>
的平方。"小"5"说。

<ruby>de<rt>de</rt></ruby> <ruby>píng<rt>píng</rt></ruby> <ruby>fāng<rt>fāng</rt></ruby> <ruby>shì<rt>shì</rt></ruby> <ruby>duō<rt>duō</rt></ruby> <ruby>shao<rt>shao</rt></ruby>
　"55的平方是多少？"

"等于3 025。"小"5"真快，一下子又报出了得数。

这时候，连售货员也佩服小"5"神速的口算能力了。

小"5"说道："任一个末位数是5的两位数的平方，只要把它的十位数字乘上比它大1的数，再在积的后面添上25，就是结果了。例如 $75^2 = 5\ 625$，56就是7和8相乘的结果。"

狮子狗还没看完，就已经兴奋得蹦了起来："这种方法太好了，我又学了一招，晚上回到家里，与爸爸比赛一下。"

奇妙的火柴棍

sēn lín bǎi huò gōng sī de dà píng mù shang chū xiàn le yí dào qí guài

森林百货公司的大屏幕上，出现了一道奇怪

de shù xué tí zhè dào shù xué tí quán shì yóu huǒ chái gùn zǔ chéng de yí

的数学题，这道数学题全是由火柴棍组成的，一

dà zǎor jī hū quán sēn lín xiǎo xué de shī shēng men dōu zhī dào le zhè ge

大早儿，几乎全森林小学的师生们都知道了这个

qí guài de shì qíng

奇怪的事情。

shī zi gǒu pǎo de kuài lì yòng kè jiān xiū xi shí jiān fēi kuài de pǎo

狮子狗跑得快，利用课间休息时间，飞快地跑

dào le bǎi huò gōng sī qián miàn guǒ rán dà píng mù shang yǒu zhè yàng yí dào

到了百货公司前面，果然，大屏幕上有这样一道

wèn tí

问题：

yǒu gēn huǒ chái gùn bǎi chéng rú xià tú suǒ shì de suàn shì zhè

有11根火柴棍，摆成如下图所示的算式。这

ge suàn shì xiǎn rán shì bú duì de nǐ néng zhǐ yí dòng qí zhōng yì gēn shǐ

个算式显然是不对的，你能只移动其中一根，使

děng shì chéng lì ma

等式成立吗？

II — III ⫤ III

狮子狗又看到了一则告示：

凡可以回答对这个问题者，将获得价值100元的礼品一份。

原来是促销策略而已，狮子狗记下了题目，又飞快地回到了学校。

当天下午最后一节是自习课，几乎所有的班级，都在黑板上写下了这个奇妙的题目，所有的同学都在认真地解答着。

狮子狗特意找来了许多根火柴棍，大家分组进行讨论。

白鹤老师推门而入，看到大家兴致这么高，便鼓励大家继续商量。

绵绵大叫了起来："我知道答案了，你们看。"

不过，绵绵马上否定了自己的想法，拍拍脑

袋说："不对呀，思路是错误的。"

羚羊今天吃多了，肚子难受，一会儿便出去一趟，不大会儿工夫，便去了三趟厕所，羚羊的座位在最里面，害得绵绵一直为他让路，而绵绵正在努力算题呢，不高兴地对羚羊说："羚羊先生，你是拉肚子吧。"

羚羊回答："是呀，你的题算出来，我就不拉了。"

话未说完，大家便大笑起来。

但正确答案依然没有找到，大家将目光聚集在狮子狗身上，因为狮子狗聚精会神的样子十分可爱，他一会儿搔一下自己的脸，好像有一只苍蝇落在脸上一样，一会儿又小心地拍拍椅子。

终于，狮子狗挪动了火柴棍。

经过大家多次验算后，答案果然是正确的，

看来，原来光在一个算式上想办法是错误的，变

成一个连加连减的两个算式就可以了。

神秘的礼物

　　黄小羊最近学习成绩老是退步，他一直崇拜一个电视明星，她是一只美丽的小天鹅，许多观众都喜欢叫她"天鹅妹妹"。

　　她的歌唱的好听，已经成了森林里的明星了，遇到有重大的娱乐活动，准能看到她的身影。

　　这不，前两天，森林里举行了一场音乐会，黄小羊便逃学了，那天虽然下了大雨，但是音乐会照常进行。黄小羊冒着雨，淋成了落汤鸡，他好想得到"天鹅妹妹"的亲手签名，可是，几个保镖居然拦住了他，他急得大哭之时，"天鹅妹妹"的表演结束了，众星捧月一样，她进了一辆豪华的小轿车里，黄小羊前去阻拦，车子驶过水坑，水溅了黄小羊一身。

黄小羊成了一名追星族，黄小羊的妈妈看在眼里，忧在心里，她找到了白鹤老师，白鹤老师苦口婆心地劝说，但黄小羊根本不听劝。

"如果你的成绩不好，就是见了'天鹅妹妹'，人家也不会理你的。"羊妈妈说。

"我才不管呢，我就是崇拜她，她人好看，歌也好听，你不懂。"

黄小羊着了魔，茶不思饭不想的，每逢遇到"天鹅妹妹"的演出，他总是到现场追星。

忽然有一天，正在上课的黄小羊，竟然听到了快递员的呼叫声。

"谁叫黄小羊，你的快递。"

狮子快递员在教室门口呼喊着，黄小羊无所

谓的样子，从狮子快递员手中接过快递，看到下

面的名字时，他瞪大了眼睛。

"竟然是'天鹅妹妹'给我写的信，天哪，我太

幸福了。"

黄小羊被同学们围了起来，打开信，竟然

是一份神秘的礼物，上面需要输入密码才可以

打开。

在另一张纸上，竟然写着这样一道数学题：

密码是#&@，其中 #+#+#=18，&+&+&+&=20，

@= #—&。

huáng xiǎo yáng chéng jì bù lǐ xiǎng　yí kàn zhè ge tí mù　shǎ yǎn
　　黄 小 羊 成 绩 不 理 想 ，一 看 这 个 题 目 ，傻 眼

le　jīn bu zhù wā wa dà kū qǐ lai
了 ，禁 不 住 哇 哇 大 哭 起 来 。

shī zi gǒu shuō　huáng xiǎo yáng　nǐ kū shén me ya　yí gè pò hé
　　狮 子 狗 说 ："黄 小 羊 ，你 哭 什 么 呀 ，一 个 破 盒

zi　zá le bú jiù xíng le　lǐ miàn yí dìng shì yú nòng nǐ de wù pǐn
子 ，砸 了 不 就 行 了 ，里 面 一 定 是 愚 弄 你 的 物 品 。"

nà zěn me kě yǐ ya　zhè kě shì wǒ de ǒu xiàng sòng wǒ de lǐ
　　"那 怎 么 可 以 呀 ？这 可 是 我 的 偶 像 送 我 的 礼

wù　rú guǒ zá huài le　wǒ yǐ hòu zěn me yǒu liǎn jiàn tā ya　huáng xiǎo
物 ，如 果 砸 坏 了 ，我 以 后 怎 么 有 脸 见 她 呀 ？"黄 小

yáng bù tóng yì zhè yàng zuò
羊 不 同 意 这 样 做 。

qīng qīng shuō　huáng xiǎo yáng　nǐ bié zháo jí　wǒ men yì qǐ jiě dá zhè
　　青 青 说 ："黄 小 羊 ，你 别 着 急 ，我 们 一 起 解 答 这

ge wèn tí　zhǎo dào mì mǎ
个 问 题 ，找 到 密 码 。"

zhè zhǒng tí mù　wǒ men kě méi yǒu zuò guò　xiǎo lè zài páng
　　"这 种 题 目 ，我 们 可 没 有 做 过 。"小 乐 在 旁

biān shuō
边 说 。

zhè ge shí hou　měi lì de xiǎo lù jiě jie lù guò jiào shì mén kǒu　tā
　　这 个 时 候 ，美 丽 的 小 鹿 姐 姐 路 过 教 室 门 口 ，她

kàn jiào shì li fēi cháng rè nao　biàn guò lái wèn gè jiū jìng　huáng xiǎo yáng xiǎng
看 教 室 里 非 常 热 闹 ，便 过 来 问 个 究 竟 ，黄 小 羊 想

ràng xiǎo lù jiě jie bāng máng xún zhǎo mì mǎ　xiǎo lù jiě jie què shuō　zì jǐ
让 小 鹿 姐 姐 帮 忙 寻 找 密 码 ，小 鹿 姐 姐 却 说 ："自 己

de shì qíng zì jǐ zuò yo　xiāng xìn zì jǐ　nǐ kě yǐ de

的事情自己做哟，相信自己，你可以的。"

xiǎo lù jiě jie zhuǎn shēn zǒu liǎo　dà jiā yí gè jìn de sāo tóu

小鹿姐姐转身走了，大家一个劲地搔头。

líng yáng zài páng biān shuō　nǐ men guāng shuō yǒu shén me yòng　zuì zhòng yào

羚羊在旁边说："你们光说有什么用，最重要

de shì zuò　jiāng mì mǎ zhǎo chu lai

的是做，将密码找出来。"

wǒ zhī dào shì jǐ le　shì　bú zhèng hǎo děng yú

"#我知道是几了？是6，6+6+6，不正好等于

ma　huáng xiǎo yáng jiào le qǐ lái

18吗？"黄小羊叫了起来。

ā　zhè tí nǐ dōu néng zuò chu lai　kàn wǒ de　hòu miàn de wèn tí

"啊，这题你都能做出来？看我的，后面的问题

jiāo gěi wǒ le　xiǎo lè bèng le qǐ lái

交给我了。"小乐蹦了起来。

shì shén me shù zì ne　yīng gāi shì　duì　yī dìng shì　gè

"&是什么数字呢？应该是5，对，一定是5个4

xiāng jiā　jiù děng yú　yǎn shǔ xiǎo lè huān hū qi lai

相加，就等于20。"鼹鼠小乐欢呼起来。

zuì hòu yí gè fú hào　gèng hǎo jì suàn le　　suǒ yǐ

"最后一个符号，更好计算了，6-5=1，所以

shuō　mì mǎ yīng gāi shì

说，密码应该是651。"

huáng xiǎo yáng fēi kuài de shū rù le mì mǎ　lǐ pǐn hé dǎ kāi le

黄小羊飞快地输入了密码，礼品盒打开了，

lǐ miàn jìng rán shì　zhāng rù chǎng quàn　tiān é mèi mei　míng tiān wǎn shang

里面竟然是20张入场券，"天鹅妹妹"明天晚上

将在森林广场上举行个人演唱会,邀请他们

光临,尤其是欢迎黄小羊与自己一起演唱。

"太幸福了,我们太幸福了。"在黄小羊的

带领下,全班的20名同学,在操场上尽情地欢

呼着。

第二天晚上7:00,大家如约来到了森林广

场上,全场爆满,幸亏有入场券,黄小羊与同

学们坐在最前排。

演出开始了,"天鹅妹妹"像个仙女一样,看得

大家如痴如醉。

第三首歌曲,"天鹅妹妹"握着话筒说:"我收

到了黄小羊同学妈妈的来信,她在信中告诉我,

黄小羊十分喜欢听我的歌,我要感谢黄小羊同

学,因此,今天晚上,我荣幸地邀请到了黄小羊

tóng xué yǔ wǒ yì qǐ yǎn chàng yì shǒu gē qǔ tóng shí wǒ yào gào su tā
同学与我一起演唱一首歌曲，同时，我要告诉他

hé tā de tóng xué men zhǐ yǒu nǔ lì xué xí cái huì yōng yǒu měi hǎo de míng
和他的同学们：只有努力学习，才会拥有美好的明

tiān
天。"

huáng xiǎo yáng de yǎn lèi liú le chū lái tā yǔ tiān é mèi mei xìng
黄小羊的眼泪流了出来，他与"天鹅妹妹"幸

fú de chàng qǐ gē lái xiàn chǎng suǒ yǒu de guān zhòng yě gēn zhe yì qǐ
福地唱起歌来，现场所有的观众也跟着一起

chàng zhěng gè wǎn huì dá dào le gāo cháo
唱，整个晚会达到了高潮。

xiè xie tiān é mèi mei wǒ huì nǔ lì de wǒ men dōu huì
"谢谢'天鹅妹妹'，我会努力的，我们都会

nǔ lì
努力。"

huáng xiǎo yáng yǔ tiān é mèi mei yōng bào zài yì qǐ
黄小羊与"天鹅妹妹"拥抱在一起。

有多少根木材？

最近，森林里总是丢失树木，森林市政府贴出了公告，要求全体市民监督偷盗树木者，发现后要立即报警。

狮子狗闲来无事，觉得这是展示自己才华的好机会，于是，他便当起了义务监督员。

临近傍晚，狮子狗沿着森林里的一条小路，一直向前走，不知不觉间，天已经黑了，狮子狗迷路了。

没有办法，狮子狗只好找了一堆树叶，趴在上面休息。

半夜时分，狮子狗听到了奇怪的声音。

什么声音？是锯木头的声音。

狮子狗借着星光，居然发现了两只巨型狐狸，正在费力地锯着树木，狮子狗刚想冲出来，可是，他却退缩了，这儿远离市区，没有人烟，自己如果贸然出现，一定会有危险的，可是，也不能看着他们做坏事呀。

狮子狗刚刚学会了一些口技，他擅长学老虎叫，狮子狗站在了一棵树的后面，学起了老虎的叫声。

这可吓坏了两个正在锯树的坏狐狸。

有老虎，天哪，快跑哇，他俩拼命地向前方跑去。

狮子狗在后面追踪，一边追着，一边学虎叫。

眼看着来到了一座小院子的前面，狐狸进了院子，关上了门，再也不敢出来了。

shī zi gǒu fā xiàn　yuàn zi li duī le xǔ duō mù tou　zhè me duō de
狮子狗发现，院子里堆了许多木头，这么多的

mù tou　yǒu duō shao gēn ne
木头？有多少根呢？

shī zi gǒu jiè zhe xīng guāng　xiǎng shǔ qīng chǔ mù tou de shù mù　kě
狮子狗借着星光，想数清楚木头的数目，可

shì　tā què hú tu le
是，他却糊涂了。

dì yī céng yǒu　gēn dì èr céng yǒu　gēn　xià miàn měi céng
第一层有12根，第二层有13根……下面每层

dōu bǐ shàng céng duō chū yì gēn　zhè duī mù cái gòng yǒu　céng
都比上层多出一根，这堆木材共有20层。

rú guǒ xiǎo mǎ yǐ qīng qīng zài　jiù hǎo le　tā yí dìng kě yǐ jì suàn
如果小蚂蚁青青在，就好了，她一定可以计算

zhǔn què de
准确的。

shī zi gǒu zì yán zì yǔ zhe　què tīng jiàn yǒu gè xiǎo dōng xi jiào le
狮子狗自言自语着，却听见有个小东西叫了

起来，竟是一只小蚂蚁。

"你这只大狗，怎么踩到我了，瞧我的屁股，红了。"小蚂蚁叫蓝蓝，她感觉闷得慌，便从自己的蚁窝中跑了出来。

"我还以为是青青呢，原来是一只小笨蚂蚁。"狮子狗有些不耐烦。

"我笨，我可是全班第一名呢！你，过来，问我问题吧，看我能不能对答如流？"蓝蓝不服气。

狮子狗脑筋一转，计上心来。

"这一堆木头，有多少根？你知道吗？不会了吧！"

"这有什么呀！我天天在这儿过，早查清楚了，430根。我还在其中的一些木头里安过家呢！"蓝蓝有些骄傲地说。

"你是说，这些木头摆这儿好长时间了。"

"当然就是了，去年就有了，两只狐狸搞的鬼，他们想将木头卖出去，挣钱花。"

"可是，我怎么数不清楚呢？哪会有430根？"狮子狗搔着头。

"哈哈，原来是你不会呀，我教你，简单得很呀，这堆木材的堆放是有规律的，第一层有12根，第二层有13根……下面每层总比上层多出一根，这堆木材共有20层，用首层12＋底层31的和乘以层数20再除以2，就可以知道一共有430根。"蓝蓝说完后，手舞足蹈起来。

狮子狗恍然大悟，他马上与蓝蓝一起，通知了森林警察，不大会儿工夫，警察们赶了过来，将两只狐狸绳之以法了。

狮子狗成了大英雄，蓝蓝也幸运地成了森林小学的一员，因为她早就想在这所小学上学了。

狮子狗小声对小蚂蚁青青说："你来了一个对手，蓝蓝真是绝顶聪明。"

小蚂蚁青青笑笑说："我们蚂蚁就是聪明，没办法。"

聪明的三毛姐姐

小猫妈妈一大早便催促小猫起床："懒猫，赶紧起床，收拾屋子，今天哪，三毛姐姐要来家里做客。"

"三毛姐姐是谁呀？"今天是周日，本来说好要睡个懒觉的，都怪这个可恶的三毛姐姐。

"三毛姐姐可是高材生，她经常考全班第一名，尤其是数学成绩，那可是非常棒啊，她参加过人类主持的奥数大赛，你猜她考了多少分？"妈妈神秘地坐在床边说。

"与人类比赛，吹吧，她能考个倒数第一名。"

小猫知道人类的智慧无穷。

"她考了正数第三名，让人类很没面子呀。"

妈妈一直夸奖着三毛姐姐。

小猫懒懒地起床了，心里想着：徒有虚名罢了，可能是当时，她遇到的题曾经做过吧，一定是这样的。

小猫还没有收拾好屋子，便听到"咣 咣 咣"的砸门声，小猫还没有到门前，便听到外面一个尖细的声音："开门呀，小猫，三毛姐姐来了。"

"好可怕哟，这么粗犷。"小猫对她的印象非常不好。

果然，一进屋里，她便数落起来："这么脏的屋子，小猫，我记得上次见你时，你的房间很整洁的，现在一上学，居然成了这个样子，你们学校是怎么教育你的，不行，转学吧，去我们学校，我们同班，我是班长，可以让你当个文娱委员，

如何？"三毛开始帮小猫收拾屋子。

小猫站在旁边，好半天没理三毛，见三毛太嚣张了，便问："听说你非常厉害，我给你出一道题，你能做出来吗？这可是小学二年级的奥数题。"

"当然可以，我一定答得出来，一定会让你哭出来的。"三毛挥了挥手，头也不回地回答。

小猫一口气跑到自己的房间里，找到了自认为最难的一道题。

"听好了，某数加上5，乘以5，减去5，除以5，

qí jié guǒ děng yú   qiú zhè ge shù
其结果等于5。求这个数。"

zhè dào tí shì gòu nán de   xiǎo māo céng jīng huā le   yí shàng wǔ shí
这道题是够难的，小猫曾经花了一上午时

jiān   réng rán méi yǒu jiě dá chu lai   yīn cǐ   tā shí fēn xiǎng kàn yí xià sān
间，仍然没有解答出来，因此，他十分想看一下三

máo de yáng xiàng
毛的洋相。

xiǎo māo nèi xīn zǎo lè chéng le   yì duǒ huā
小猫内心早乐成了一朵花。

sān máo zhèng le yí huìr   gōng fu   biàn shuō   wǒ gào su nǐ yì
三毛怔了一会儿工夫，便说："我告诉你一

zhǒng fēi cháng hǎo zuò de fāng fǎ   dào tuī fǎ   jié guǒ shì   ba   wǒ xiān chéng
种非常好做的方法，倒推法，结果是5吧，我先乘

yǐ   zài jiā shang   zài chú yǐ   zuì hòu zài jiǎn qù
以5，再加上5，再除以5，最后再减去5，(5×5+5)÷

rú hé   zhè jiù shì biāo zhǔn dá àn
5-5=1，如何？这就是标准答案。"

ǎ   wǒ de tiān na   zhè me jiǎn dān na   wǒ zěn me méi yǒu xiǎng chu
啊，我的天哪，这么简单哪，我怎么没有想出

lai ya
来呀。

zhèng yí huò shí   sān máo yě chū le yí dào nán tí   xiǎo péng yǒu
正疑惑时，三毛也出了一道难题："小朋友，

yǒu yí dào tí ràng nǐ jiě dá yí xià   rú guǒ dá de chū lái   wǒ jiù bài nǐ
有一道题让你解答一下，如果答得出来，我就拜你

wéi shī
为师。"

"好，一言为定，如果我答不上来，请你吃饭。"小猫也来了劲。

"小马、小驴和小鸡三个小动物从郊区一起打车到市区办事，坐车前他们商量好平均分摊车费。到达市中心后，小马拿出10元，小驴拿出14元，小鸡还没来得及拿钱，司机说："钱够了"，那么，小鸡应分别给小马和小驴各多少钱，他们出的车费才一样多？"

"啊，太复杂了吧，三个小动物一起去打车，司机受得了吗？车受得了吗？难道不是超载吗？这题目出得有问题吧？"小猫开始找借口搪塞。

远处，正在厨房里忙碌的妈妈探出头来，对小猫说："小猫不是男子汉，竟然说话不算话，好羞呀！"

xiǎo māo sī kǎo le hǎo bàn tiān gōng fu　　　 réng rán dá bu chū lái　　 tā zhǐ
小猫思考了好半天工夫,仍然答不出来,他只

hǎo rèn shū
好认输。

sān máo shuō　　　　 zhè ge wèn tí yě hǎo huí dá ya　　 chē fèi zǒng shù
三毛说:"这个问题也好回答呀。车费总数:

yuán　 píng jūn měi gè xiǎo dòng wù yīng fù de chē fèi
10+14=24元,平均每个小动物应付的车费:24/3=8

yuán　 xiǎo jī yīng gěi xiǎo mǎ de qián　　　　　 yuán　 xiǎo jī yīng gěi xiǎo lǘ
元,小鸡应给小马的钱:10-8=2元,小鸡应给小驴

de qián　　　　 yuán
的钱:14-8=6元。

xiǎo māo cǐ shí cái zhī dào　　 tiān wài yǒu tiān　　 rén wài yǒu rén
小猫此时才知道:天外有天,人外有人。

xiǎo māo jué xīn gǎi diào zì jǐ jiāo ào zì mǎn de máo bìng　 tā hū rán
小猫决心改掉自己骄傲自满的毛病,他忽然

xiǎng qǐ lai le　 zì jǐ jīn tiān de zuò yè hái yǒu hǎo duō dào tí bú huì zuò
想起来了,自己今天的作业还有好多道题不会做

ne　 yú shì　 tā tāo chū le zuò yè běn　 rèn zhēn　 qiān xū de xiàng sān máo
呢,于是,他掏出了作业本,认真、谦虚地向三毛

jiě jie qǐng jiào qǐ lai
姐姐请教起来。

sān máo jiě jie yī yī zuò dá　 zuì hòu　 sān máo jiě jie yě bù hǎo yì
三毛姐姐一一作答,最后,三毛姐姐也不好意

si de shuō　　 wǒ yě bù hǎo　 yǒu shí hou tài guò jiāo ào le　 jiāo ào shǐ rén
思地说:"我也不好,有时候太过骄傲了,骄傲使人

luò hòu　 wǒ yǐ hòu yào hǎo hǎo fǎn xǐng　 wǒ men yì tóng jìn bù hǎo ma
落后,我以后要好好反省,我们一同进步好吗?"

"当然好了，以后我有什么问题就去请教你，如何？"小猫期待地说道。

"好的。"三毛姐姐愉快地答应了。

可怕的平安夜

yì zhǒng kě pà de qì fēn lǒng zhào zài sēn lín li
一种可怕的气氛笼罩在森林里。

suī rán kuài dào shèng dàn jié le dàn shì què yáo yán sì qǐ xiǎo dòng
虽然快到圣诞节了,但是却谣言四起,小动

wù men dōu shuō yǒu yí gè dà mó tóu jiāng huì yú píng ān yè de shí hou lái
物们都说:有一个大魔头将会于平安夜的时候,来

dào sēn lín li chī diào suǒ yǒu de xiǎo dòng wù
到森林里,吃掉所有的小动物。

dà xiàng bó bo duì zhè yàng de yáo yán gǎn dào chī jīng tā bù tíng de
大象伯伯对这样的谣言感到吃惊,他不停地

lán zhù měi yí wèi tóng xué shuō zhe tóng yàng de huà dà jiā yào zhèn jìng
拦住每一位同学,说着同样的话:"大家要镇静,

bú yào huāng zhè shì shang méi yǒu jiě jué bu liǎo de wèn tí
不要慌,这世上没有解决不了的问题。"

kě shì méi yǒu rén tīng tā de huà
可是,没有人听他的话。

běn lái shuō hǎo le xué xiào yào zài píng ān yè li jǔ xíng gè zhǒng
本来说好了,学校要在平安夜里,举行各种

gè yàng de qìng zhù huó dòng yǐ yíng jiē shèng dàn jié de lái lín kě shì jìng
各样的庆祝活动,以迎接圣诞节的来临,可是,竟

rán méi yǒu yí gè tóng xué bào míng cān jiā
然没有一个同学报名参加。

yǔ cǐ tóng shí yǒu rén zài shān li jiǎn dào le yí gè xìn fēng lǐ
与此同时,有人在山里捡到了一个信封,里

面有一封魔头写给森林小朋友们的信，信中这样说：

让所有的孩子们做好准备吧，这世上唯一的主宰，也就是我，马上就要来到这儿，这儿的地盘是我的，所有的小动物也将听我的命令，我将成为这儿的皇帝、主宰。

大熊校长气得说不出话来，一个劲儿地坐在椅子上发抖。

白鹤老师与猴子教员商量后，决心在课堂上鼓励大家要振作起来，魔头并不可怕，可怕的是军心大乱。

平安夜当天，学校放了假，因为许多老师也认为大家应该回家中躲避而不是送死。

但有一个小动物觉得无所谓，是谁呀？是小蛇

bái bái
白白。

　bái bái shì cóng lìng wài yì suǒ xiǎo xué zhuǎn xué guò lái de　tā xiàn zài
白白是从另外一所小学转学过来的,她现在

zàn shí jiè zhù zài xué xiào sù shě li　yóu yú lí jiā yuǎn　tā méi yǒu huí
暂时借住在学校宿舍里,由于离家远,她没有回

jiā　ér shì xuǎn zé le zài píng ān yè de bàng wǎn qián xī　zài wài wán shuǎ
家,而是选择了在平安夜的傍晚前夕,在外玩耍。

　tài hǎo le　zì jǐ suī rán gū dān　kě shì　suǒ yǒu de dì pán quán
太好了,自己虽然孤单,可是,所有的地盘全

shì zì jǐ de　yí huìr　pá dào fèng xì li　yí huìr　zuān dào shuǐ jǐng
是自己的,一会儿爬到缝隙里,一会儿钻到水井

páng　huò zhě gān cuì tǎng zài shù yè xià miàn zuò yí cì shēn hū xī
旁,或者干脆躺在树叶下面做一次深呼吸。

　tā jìng rán yù dào le dà mó tóu xiān sheng
她竟然遇到了大魔头先生。

她听到了沉重的喘气声，大魔头正在树上睡觉呢，白白看到了，起初不信这就是大魔头，可是，她看到了旁边放着一身衣服，正是传说中大魔头才有的衣服。

白白想戏弄一下大魔头，她找了一张纸，飞快地在上面写了几行字，然后用力摇了一下树，大魔头醒了，突然从树上跌落了下来，屁股摔得生疼。

一定是风吹的，周围什么人也没有！

大魔头揉了揉屁股，不小心放了十三个连环屁，臭死了，树叶下面的小蛇白白差点被臭死，但好歹没有暴露自己的行踪。

一张纸，上面写着：

大魔头先生，如果想征服森林，就要先回答

wǒ de wèn tí dá duì le nǐ cái yǒu xī wàng fǒu zé huí jiā chī nǎi
我的问题，答对了，你才有希望，否则，回家吃奶

qù ba
去吧。

tí mù shì dà mó tóu ná zhe yuán qián qù chāo shì mǎi dōng xi
题目是：大魔头拿着50元钱去超市买东西，

tā ná le yì hé jià zhí yuán de qiǎo kè lì shòu huò yuán què zhǎo le tā
他拿了一盒价值26元的巧克力，售货员却找了他

yuán wèi shén me
14元，为什么？

dà mó tóu shā rén bu zhǎ yǎn yí xiàng rèn wéi zì jǐ shì shì shang zuì
大魔头杀人不眨眼，一向认为自己是世上最

cōng míng de shēng wù jīn tiān què bèi zhè dào tí nán zhù le
聪明的生物，今天，却被这道题难住了。

tā bù tíng de niàn zhe zhè dào tí bú duì ya wǒ bù shǎ ya shǎo
他不停地念着这道题："不对呀，我不傻呀，少

zhǎo le wǒ yuán qián na zhè shì nǎ jiā chāo shì nǎ jiā shòu huò yuán
找了我10元钱哪，这是哪家超市，哪家售货员？

bái bái bù jīn xiào chū shēng lái
白白不禁笑出声来。

dà mó tóu tí zhe dāo kǎn xiàng le shù yè bái bái tiào le qǐ lái
大魔头提着刀，砍向了树叶，白白跳了起来，

duǒ guò le yì jié
躲过了一劫。

yì tiáo xiǎo shé ér yǐ wǒ bǐ jiào xǐ huan nǐ zěn me yàng gào
"一条小蛇而已，我比较喜欢你，怎么样，告

su wǒ zhēn shí dá àn ba wǒ kě yǐ ráo le nǐ ràng nǐ dāng wǒ de pú
诉我真实答案吧，我可以饶了你，让你当我的仆

人，但前提是，帮助我剿灭所有的小动物。"

"你自诩为全天下最聪明的生物，这道题居然不会答吗？告诉你答案可以，你要叫我师傅，并且，听从我的指挥。"白白一点儿也不认输，而是迎难而上。

"你告诉我答案吧，我可以认你做师傅。"大魔头口是心非，他盘算好了，如果自己知道了答案，就手起刀落。

"因为你只给了人家40元钱哪，当然是找你14就对了。"小蛇白白大笑起来，大魔头气得肺都快炸了。

"我已经知道答案了，这世上已经没有其他难题可以难住我了，我现在就杀了你。"

"等会儿，我还有一道题，也是关于你的，你

2年级

rú guǒ huí dá zhèng què   zài shā wǒ bù chí   bái bái kàn tòu le dà mó tóu
如果回答正确，再杀我不迟。"白白看透了大魔头

zì fù de ruò diǎn
自负的弱点。

kuài shuō   wǒ bú xìn hái yǒu wèn tí kě yǐ nán zhù wǒ   dà mó tóu
"快说，我不信还有问题可以难住我。"大魔头

jǔ zhe gāng dāo
举着钢刀。

dà mó tóu   fēn zhōng kě yǐ jiǎn hǎo zì jǐ de   gè shǒu zhǐ jia huò
"大魔头1分钟可以剪好自己的5个手指甲或

zhě jiǎo zhǐ jia   nà me   fēn zhōng nèi kě yǐ jiǎn hǎo zì jǐ de duō shao gè
者脚趾甲，那么，6分钟内可以剪好自己的多少个

zhǐ jia   bái bái de nǎo zi li zhuāng zhe xǔ duō nǎo jīn jí zhuǎn wān tí
指甲？"白白的脑子里装着许多脑筋急转弯题，

这都是爸爸教给他的，没有想到，今天派上用场了。

"这道题太简单了，1分钟可以剪5个指甲，那么，6分钟，当然是可以剪好我的30个指甲了，怎么样，认输吧。"大魔头万分自豪。

"你确认吗？"白白一本正经地问大魔头。

"当然，我不后悔，确认。"

"那么，请问，你有多少个指甲？"白白斜着眼睛看大魔头，好像他就是一个无知的怪物。

"当然是20个喽……"大魔头刚说完，便感觉被愚弄了，他气地咣 咣 咣放了18个响屁。

"回去吧，先学好数学再回来找我们算账吧，明年的平安夜，我等着你，如何？"白白向大魔头挑战。

"我先回去，没有想到，光会打仗也不行啊，没有学好数学，竟然被耍了，明年，我一定会杀回来的。"大魔头提着刀，跑远了。

"大家快出来，参加平安夜活动吧，圣诞节快乐。"小蛇白白吆喝着。

森林里又热闹起来，大家竞相传颂着白白智斗大魔头的故事。

妙趣横生的圣诞节

今天是圣诞节，大家都穿着盛装来到了学校里。

就连虎警也来凑热闹，其实，他是过来保护学校安全的。

刚刚过去的平安夜，小蛇白白智斗大魔头，才使大家转危为安，因此，大熊校长也非常高兴，特意要求圣诞节大家玩得开心些。

上午，白鹤老师在班里组织了一场妙趣横生的游戏。

全班30名同学全都参加了，白鹤老师站在讲台上，开始公布游戏规则。

"第一个游戏的名字叫'击鼓传花'，这儿有一面鼓，我开始敲时，花便从第一个同学一直向后面传，我的鼓停下来时，花在哪位同学的手中，哪位同学便要上台表演节目。这个游戏不仅锻炼敏捷性，而且还让大家保持警惕性。"

白鹤老师说着，便做了一个示范，狮子狗第一个传花，他正准备向后传呢，鼓停了，狮子狗中了招。

游戏正式开始了，大家个个集中精神，生怕花传到自己的手中。

鼓不停地敲着，一直没有停下来，传了一圈了，白鹤老师似乎忘记停止了，大家笑了起来，鼓声却在突然间戛然而止。

花正好落在青青的手上，青青愣了一下，马上将花扔给了后面的羚羊，羚羊不干了，说："青青，刚才鼓声停时，花明明在你的手中。"

青青无奈之下，只好上台表演，她有唱歌的天分，唱了一首关于圣诞快乐的歌，大家都会唱，一起跟着她唱，活动掀起了一个小高潮。

第二个游戏开始了，叫作"数字游戏"。

"大家逐个报数字，但是，凡是遇到3或者3的倍数，就一定要说'过'，否则就是违犯了规则，错

de zuì duō de tóng xué jiāng yào biǎo yǎn jié mù
得最多的同学将要表演节目。"

bái hè lǎo shī gāng shuō wán shī zi gǒu biàn liě zhe dà zuǐ xiào le
白鹤老师刚说完,狮子狗便咧着大嘴笑了

qǐ lái
起来。

lǎo shī wǒ men zài jiā li jīng cháng wán wǒ shì qīng chē shóu lù
"老师,我们在家里经常玩,我是轻车熟路

de dà jiā kě yào xiǎo xīn lou
的,大家可要小心喽!"

bái hè lǎo shī shuō le yì shēng kāi shǐ
白鹤老师说了一声:"开始,2"。

shī zi gǒu zhèng gāo xìng ne tīng dào bái hè lǎo shī shuō le yì shēng
狮子狗正高兴呢,听到白鹤老师说了一声

mǎ shàng gēn zhe shuō
"2",马上跟着说:"3"。

suǒ yǒu de xiǎo dòng wù dōu hōng táng dà xiào qi lai shī zi gǒu zuò mèng
所有的小动物都哄堂大笑起来,狮子狗做梦

yě méi yǒu xiǎng dào zì jǐ jìng rán dì yī gè zhòng zhāo
也没有想到,自己竟然第一个中招。

bì jìng shì bān zhǎng shī zi gǒu lái dào jiǎng tái qián tí qǐ le fěn
毕竟是班长,狮子狗来到讲台前,提起了粉

bǐ jiāng zì jǐ de míng zi zhèng zhòng de xiě dào le hēi bǎn shang
笔,将自己的名字郑重地写到了黑板上。

shī zi gǒu jì xù kāi shǐ yóu xì
狮子狗继续开始游戏:"12"。

mián mián zài tā hòu miàn mián mián jī líng zhe ne mǎ shàng huí
绵绵在他后面,绵绵机灵着呢,马上回

答:"过"。

小狗说:"14"。

大家一直接着说,一直来到"18"时,又一个小

动物中招了,他便是鼹鼠小乐,小乐只记得不能

说带"3"的数字,那就是3,13,23,33,因此,他随

口说:"18"。

白鹤老师首先崩不住了,笑了起来,小乐还不

知道自己错了,解释着:"18又没有带3。"

"可是,亲爱的小乐先生,18可是3的倍数呀,

$3 \times 6 = 18$。"青青在后面嘲笑道。

"人有失足,马有漏蹄呀,没有想到,倍数居

然忘了,好吧,我记下自己的名字,不过,接下来,

我可要来一个更难的了。"

小乐上台,将自己的名字写在黑板上,然后

huí dào zì jǐ de zuò wèi shang   lěng bu dīng de   tā shuō
回到自己的座位上，冷不丁地，他说："35"。

xiǎo lè de yì si shì ràng hòu miàn de xiǎo péng yǒu zhòng zhāo   yīn wèi
小乐的意思是让后面的小朋友中招，因为

zhèng hǎo shì   de bèi shù   kě shì   tā gāng shuō chū kǒu   zì jǐ
"36"正好是"3"的倍数，可是，他刚说出口，自己

biàn jué de cuò le   yǔ cǐ tóng shí   hòu miàn de qīng qīng dà xiào qǐ lai
便觉得错了，与此同时，后面的青青大笑起来。

xiǎo lè hòu huǐ mò jí   bái hè lǎo shī wǔ zhe dù zi xiào   xiǎo lè
小乐后悔莫及，白鹤老师捂着肚子笑："小乐

tóng xué   nǐ zěn me zì jǐ shuō chū le dài   de shù zì ya
同学，你怎么自己说出了带'3'的数字呀？"

xiǎo lè chóng xīn zǒu shang jiǎng tái   jiāng míng zi yòu xiě le yí biàn
小乐重新走上讲台，将名字又写了一遍。

xiǎo lè shuō
小乐说："28"。

qīng qīng zài tā de hòu miàn   shuō
青青在他的后面，说："29"。

chòu chóng shuō le yí jù   guò
臭虫说了一句："过"。

jǐn gēn zhe   jǐ hū suǒ yǒu de tóng xué men   dōu zài shuō zhe   guò
紧跟着，几乎所有的同学们，都在说着："过，

guò   guò   yīn wèi hòu miàn cóng   dōu shì dài   de shù zì
过，过。因为后面从30~39都是带3的数字。"

xiǎo lè bù gān xīn   zài bāng zhù dà jiā shǔ zhe shù zì   kě xī   tā
小乐不甘心，在帮助大家数着数字，可惜，他

men jìng rán yí gè yě méi yǒu cuò de
们竟然一个也没有错的。

快下课了，白鹤老师统计黑板上错误最多的小动物，竟然是小乐，小乐走上台，大大方方地给大家讲了一个笑话，笑得大家前仰后合的。

圣诞节马上就要过去了，这个圣诞节，真快乐呀！

美好的新年梦想

新年就要来临了，小动物们都十分高兴，马上也要期末考试了，虽然大家十分紧张，但新年还是要庆祝的，因此，在白鹤老师的班里，大家都期盼着新年的到来。

班里要准备一些新年庆祝活动，小乐高兴坏了，一年中，竟然有这么多奇怪的节日，每逢节日，最快乐的莫过于小动物们了，他们可以高兴地玩，爸爸妈妈也不会过多地指责，更重要的是，节日里可以吃许多好东西呀！

下雪了，瑞雪兆丰年，好兆头。

在这样一个欢乐的新年里，能够下一场雪，的确是件值得高兴的事情，要知道，不是所有的新年都会下雪的。

小乐起床后，便发现外面成了白茫茫的世界，他非常高兴，没有穿棉衣便跑到了雪地里，但没有多久，便发现天太冷了，他连着打了好几个喷嚏。

妈妈在屋里叫小乐，小乐赶紧跑进了屋里，对妈妈说："太好了，下雪了，可以堆雪人、打雪仗，还可以在雪地追逐。"

的确如此。

一到学校里，大家便高兴万分，因为今天第一节课是体育课。

体育课上，体育老师果然满足了大家的心愿，大家打起了雪仗，小乐的头上、衣服上全都是雪，大家玩得痛快极了。

上午最后一节课是班会课，班主任白鹤老师带领大家总结一年来的学习情况，并且要求大家说出新年心愿。

狮子狗先说："我明年一定要考全班第一名。"

白鹤老师说："希望你不要过分贪玩，因为贪玩与成绩是成反比例关系的。"

青青说："我要长得更加漂亮。"

白鹤老师说："愿你美梦成真，不过，不能贪睡，要早睡早起，锻炼身体，保持美好容貌的前提就是要拥有健康的身体。"

轮到小乐了，小乐说："我今天在家与妈妈打赌了，我说我今年如果考出好成绩的话，妈妈会在2月30日这一天，给我买一个芭比娃娃，我的梦想就会成真了。"

白鹤老师居然没有对小乐的心愿进行点评，

大家觉得怪怪的，小乐以为自己说错话，仔细想了

想，没有哇，他觉得白鹤老师有些偏心眼。

大家继续往下说，说完了，白鹤老师问小乐：

"小乐同学，你的心愿恐怕不会实现了吧？"

"老师，为什么？我的成绩一向稳定，肯定可

以的。"小乐一本正经地说。

"2月30日，你妈妈会给你买芭比娃娃，对吧？"

bái hè lǎo shī chóng fù zhe gāng cái xiǎo lè de huà
白鹤老师重复着刚才小乐的话。

dāng rán shì de　míng tiān biàn shì xīn nián le　zài yǒu liǎng gè yuè shí
"当然是的,明天便是新年了,再有两个月时

jiān　yě jiù shì chūn jié guò hòu ba　xiǎo lè shén cǎi fēi yáng
间,也就是春节过后吧。"小乐神采飞扬。

xiǎo dòng wù men jiāo tóu jiē ěr　lǎo shī zhè shì zěn me le　xiǎo lè de
小动物们交头接耳,老师这是怎么了,小乐的

xīn yuàn tǐng hǎo de　lǎo shī zěn me huì chí fǎn duì yì jiàn ne
心愿挺好的,老师怎么会持反对意见呢?

bái hè lǎo shī què duì dà jiā shuō　yuè shì yí gè bǐ jiào tè shū de
白鹤老师却对大家说:"2月是一个比较特殊的

yuè fèn　dà duō shù de　yuè zhǐ yǒu　tiān　měi nián jiù huì chū xiàn yí gè
月份,大多数的2月只有28天,每4年就会出现一个

yuè yǒu　tiān de nián fèn　yuè yǒu　tiān de nián fèn jiào rùn nián　zhǐ yǒu
2月有29天的年份,2月有29天的年份叫闰年,只有

tiān de nián fèn jiào píng nián
28天的年份叫平年。"

zhè yě yǐng xiǎng wǒ xīn yuàn de shí xiàn na　lǎo shī　xiǎo lè yī
"这也影响我心愿的实现哪?老师。"小乐依

rán jiān chí zì jǐ de yì jiàn
然坚持自己的意见。

qīng qīng xiào le qǐ lái　xiǎo lè　yuè méi yǒu　hào de　nà me
青青笑了起来:"小乐,2月没有30号的,那么,

nǐ de xīn yuàn yǒng yuǎn wú fǎ shí xiàn le
你的心愿永远无法实现了。"

xiǎo lè zhè cái huǎng rán dà wù　tā bù hǎo yì si de jiū zhèng
小乐这才恍然大悟,他不好意思地纠正

道："是我弄错了，妈妈居然也弄错了，没有想到，2月这么复杂，好像一个奇怪的精灵。"

"我们应该回到家里，向爸爸妈妈讲清楚这个概念，看来，每年的月份与天数真是奇妙无比呀。"

漂亮的春节服装

chūn jié mǎ shàng yào dào le yǎn shǔ xiǎo lè yì zhí xiǎng mǎi yì shēn hǎo
春节马上要到了，鼹鼠小乐一直想买一身好

kàn de yī fu dàn mā ma què hào qí de wèn tā nǚ hái zi dōu xǐ huan piào
看的衣服，但妈妈却好奇地问他："女孩子都喜欢漂

liang de yī fu nǐ shì nán hái zi wèi shén me yě xǐ huan hǎo kàn de yī fu
亮的衣服，你是男孩子，为什么也喜欢好看的衣服

ya
呀？"

chuān zhe piào liang de yī fu shàng jiē shǎng xīn yuè mù bié rén kàn
"穿着漂亮的衣服上街，赏心悦目，别人看

nǐ piào liang nǐ zì jǐ xīn qíng yě hǎo wa
你漂亮，你自己心情也好哇？"

yuán lái rú cǐ yǎn shǔ mā ma jué de xiǎo lè de xiǎng fǎ hǎo jí
原来如此，鼹鼠妈妈觉得小乐的想法好极

le jì kě yǐ wèi zì jǐ dài lái kuài lè gèng kě yǐ jiāng kuài lè dài gěi měi
了，既可以为自己带来快乐，更可以将快乐带给每

gè rén
个人。

yīn cǐ zài zhōu liù de shàng wǔ mā ma dǎ kāi le guì zi jiāng xiǎo
因此，在周六的上午，妈妈打开了柜子，将小

lè de yī fu quán bù zhǎo le chū lái
乐的衣服全部找了出来。

好家伙，小乐有上衣7件，裤子5条，足足占据

了柜子的一半空间。

"小乐，你来说说看，上衣有7件，裤子有5条，

有多少种不同的搭配呢？"

"这个好办哪，妈妈，我们一件一件搭配就

是了。

上衣1、裤子1；

上衣1、裤子2；

上衣1、裤子3；

……"

小乐傻眼了，他迷糊了，因为上衣与裤子太

多了，无论如何搭配，都有可能重叠，更有可能

漏项。

妈妈正在收拾她自己的衣服，妈妈的衣服比

小乐多，妈妈是女生，因此，有许多花花绿绿的衣服。

妈妈找了半天，找到了上衣8件，裤子和裙子7件。

"小乐，我不知道如何计算了，妈妈的衣服可以有多少种搭配方式呀？"妈妈一副愁眉不展的样子。

小乐照样子去排列，可是，他还是没有查清楚。

恰在此时，电话响了起来，是美女青青，她有一道语文题不会，想向小乐请教，要知道，语文可是小乐的专长。

小乐说："好哇，我也有一道数学题不会呢！我们一起解决吧。"

不大会儿工夫，门铃响了，青青冒着雪来到了小乐家里，小乐赶紧打开了院门，迎接青青的到来。

青青来到了小乐家里，一看就乐了，因为满屋里都是漂亮的衣服。

小乐说："快帮帮我吧，我的衣服到底有多少种搭配方式？妈妈的呢？"

"小乐呀小乐,这个我们刚刚学过呀。你有上

衣7件,裤子5条,那么,就有7×5=35种不同的搭

配方式。至于妈妈的嘛,更好算了,妈妈有上衣8

件,裤子和裙子一共7件,那么,就会有8×7=56种

不同的搭配方式了。"

青青一边说着,一边比画着,小乐明白了。

"我有35种搭配方式,就说明我每天都可以

穿不同的衣服去上学了。"

"当然是的,这样的话你就不用买新衣服了,

我今年春节就没有买,因为我有上衣5件,裤子和

裙子6件,我可以有30种不同的搭配方式,我省下

了衣服钱,春节过后要买学习资料的。"小蚂蚁青

青自豪地说。

"妈妈,我懂了,我也不要新衣服了,我也要买

学习资料，我要考一个好成绩。"小乐冲进了里

屋，对妈妈说。

妈妈高兴地将小乐搂进了怀里："小乐真的

长大了。"

挂灯笼

农历春节已经过去了，但年的味道依然没有结束，这不，元宵佳节来到了大家身边。

每年的元宵节，整个森林都要挂灯笼的，今年，包括森林小学，也要挂满各种各样的灯笼。

"妈妈，我们家挂灯笼吗？"小鹿高兴地问妈妈。

"当然要挂的，爸爸已经到百货公司选购灯笼了，人类做的灯笼，各种各样的，千奇百怪，有各种各样的小动物形象在上面，爸爸说，竟然有小鹿形象的灯笼，他已经去买了，我们挂带有小鹿图案的灯笼，再合适不过了。"妈妈十分高兴。

春节的假期依然继续着，森林小学今年放了

个长假,过了元宵节,才会开学的。

三三两两的同学们,在假日期间,都来小鹿家

玩耍,小鹿高兴地拿出自己家的年货,有水果,还

有食品,好不热闹。

爸爸买灯笼回来了,竟然买了6只灯笼,小鹿

十分奇怪,问爸爸:"为什么要买6只灯笼啊?"

爸爸说:"我们的院落长10米,每隔2米要挂

一只灯笼,你说该挂多少只?"

森林学校里的趣味数学

小鹿不假思索地说："这个简单，当然是5只灯笼了，那么，多出一只挂哪儿呀？"

妈妈说："你呀，不思考就回答问题，每隔2米挂一只，两边也要挂的，所以应该是10÷2=5，再加上1，等于6只灯笼呢。"

小鹿仍然觉得自己的想法是正确的，他一边帮助爸爸挂灯笼，一边思索着这个问题，直到灯笼挂完了，他才明白，原来自己计算错了。

正在此时，家里的电话响了，是狮子狗班长打来的，要求离学校近的同学到学校去，帮助挂灯笼。

小鹿高兴地叫上了邻居小松鼠，他们不大会儿工夫，便到了学校。

大熊校长在分灯笼呢！

xiǎo lù yǔ xiǎo sōng shǔ yì zǔ   tā men fù zé guà xué xiào yí cè de

小鹿与小松鼠一组,他们负责挂学校一侧的

dēng long   xué xiào liǎng cè dōu shì   mǐ cháng   xiào zhǎng yāo qiú   měi mǐ

灯笼,学校两侧都是18米长,校长要求:"每2米

guà yì zhī dēng long   zì jǐ jì suàn gāi lǐng duō shao zhī dēng long

挂一只灯笼,自己计算该领多少只灯笼?"

shī zi gǒu shàng qián   tā shuō   wǒ lǐng zhī jiù gòu le

狮子狗上前,他说:"我领9只就够了。"

dà xióng xiào zhǎng shuō   hái zi   qǐng jì suàn zhǔn què le   rú guǒ bú

大熊校长说:"孩子,请计算准确了,如果不

gòu huò zhě duō le   jiāng huì shòu dào pī píng de

够或者多了,将会受到批评的。"

shī zi gǒu bān zhǎng yǔ qīng qīng yì zǔ   qīng qīng de jiā lí xué xiào

狮子狗班长与青青一组,青青的家离学校

yuǎn　tā hái méi dào ne
远, 她还没到呢?

shī zi gǒu pāi zhe xiōng pú shuō　　wǒ bú huì jì suàn cuò de　jiù lǐng
狮子狗拍着胸脯说:"我不会计算错的, 就领

zhī
9只。"

lún dào xiǎo lù zhè yì zǔ le　xiǎo lù zǎo yǐ jīng chéng zhú zài xiōng
轮到小鹿这一组了, 小鹿早已经成竹在胸,

yīn cǐ　tā shuō　　wǒ men lǐng　zhī dēng long
因此, 他说:"我们领10只灯笼。"

xiǎo sōng shǔ shuō　　nǐ huì bu huì nòng cuò le　wǒ men duō lǐng le
小松鼠说:"你会不会弄错了, 我们多领了

yì zhī
一只。"

xiǎo lù yǔ xiǎo sōng shǔ ěr yǔ zhe　xiǎo sōng shǔ zhè cái míng bai le
小鹿与小松鼠耳语着, 小松鼠这才明白了。

yí gè xiǎo shí guò qù le　xiǎo lù yǔ xiǎo sōng shǔ guà wán le dēng long
一个小时过去了, 小鹿与小松鼠挂完了灯笼,

dēng long liàng le qǐ lái　tài piāo liang le
灯笼亮了起来, 太漂亮了。

nà biān　shī zi gǒu bān zhǎng chà le yì zhī　zhèng nà mèn ne
那边, 狮子狗班长差了一只, 正纳闷呢!

qīng qīng shuō　　dōu yuàn nǐ　shǎo suàn le ba　běn lái wǒ men kě yǐ
青青说:"都怨你, 少算了吧, 本来我们可以

zuì zǎo guà wán de　xiàn zài luò hòu le ba
最早挂完的, 现在落后了吧。"

shī zi gǒu bù fú qì　ná chū le yì gēn fěn bǐ　bù tíng de zài dì
狮子狗不服气, 拿出了一根粉笔, 不停地在地

上计算着，好半天时间，他才明白过来。

"果然错了，居然少算了一只。"

狮子狗不好意思地找到了大熊校长，说："校长先生，我少算了，18÷2+1=10，我忘了两边都需要挂的。"

狮子狗从大熊校长那儿领到了一只灯笼，在小鹿、小松鼠与青青的帮助下，最后一只灯笼挂了起来，整个校园顿时明亮了起来。

"太漂亮了，我们美丽的校园。"

"当然了，因为我们参与了劳动，劳动才能创造幸福与美丽！"大熊校长的夸奖令他们十分自豪。

如何过河？

春天来了，春暖花开，大地复苏，森林里生机勃勃。

白鹤老师组织了一次春游活动，小动物们情绪都很高涨，特别是狮子狗班长，跑前跑后的，为大家做着服务。

到达营地时，已经中午了，大家忙着埋锅造饭。

青青找来许多蘑菇，而小蛇白白则上前去检验是否有毒。

大家自己做的饭，香得很，白鹤老师还带来了许多饮料，大家吃得十分香。

白鹤老师对大家说："一会儿我们要过河了，河的对面有一座山，我们下午进行爬山比赛。"

"太好了，我最爱爬山了，既锻炼身体，又可以进行有氧运动。"羚羊对爬山充满了兴趣。

"可是，老师，过河有桥吗？我记得这儿没有桥的。"小松鼠来过这个地方。

"当然没有桥了，我们准备了3条大船，4条小船，我们一共有30个小动物，大船每次最多坐6个，小船每次只能坐3个，大家说我们该如何过河呀？"

白鹤老师装作不知道如何计算，歪着头问大家。

狮子狗自告奋勇说："我来说吧，应该刚刚好，你们看哪。3条大船，每次能坐6个，那就是18个；4条小船，每次能坐3个，可以坐12个，我们正好可以坐得下，太好安排了。"

小蚂蚁青青不服气地说："班长，老师怎么坐呀？"

小松鼠说："班长，你光想自己，太自私了。"

狮子狗搔搔头："那么，差一只小船哪？可以让一条小船再返回来，这样最好了。"

小乐说："能不能让一条船上多挤一个小动物呢，比如说非常轻盈的青青小姐，她没有多少

140

_{zhòng liàng de}
重量的。”

_{qīng qīng shuō　　zhè bù xíng　huì yǒu wēi xiǎn　yào zhī dào gāng cái wǒ}
　　青青说：“这不行，会有危险，要知道刚才我

_{chī le xǔ duō shí wù ne}
吃了许多食物呢。”

_{bái hè lǎo shī shuō　dà jiā hái shǎo suàn le　jǐ gè　kuài xiǎng xiang}
　　白鹤老师说：“大家还少算了几个，快想想。”

_{xiǎo hé biān　mián mián zhèng zài shuā wǎn　tā yuǎn yuǎn de　biàn qiáo jiàn}
　　小河边，绵绵正在刷碗，她远远地，便瞧见

_{le　tiáo dà chuán　tiáo xiǎo chuán　tā kàn dào le měi gè chuán shang dōu yǒu}
了3条大船、4条小船，她看到了每个船上都有

_{yì míng shāo gōng　biàn dà hǎn qǐ lai　rén jiā shāo gōng yě zài chuán shang}
一名艄公，便大喊起来：“人家艄公也在船上，

_{yào jiā shàng　gè}
要加上7个。”

_{shī zi gǒu shǎ yǎn le　tā xiǎo shēng shuō　nà yīng gāi shì}
　　狮子狗傻眼了，他小声说：“那应该是30+1+

_{gè　chuán zuò bu xià ya}
7=38个，船坐不下呀。”

_{bái hè lǎo shī wèn dà jiā　nà me　zài jiào lái jǐ tiáo chuán　wǒ men cái}
　　白鹤老师问大家：“那么，再叫来几条船，我们才

_{kě yǐ yì qǐ zǒu ne}
可以一起走呢？”

_{shī zi gǒu jué de zhè shì gè zhèng míng zì jǐ de zuì hǎo jī huì　biàn}
　　狮子狗觉得这是个证明自己的最好机会，便

_{mǎ shàng líng mǐn de huí dá　　gè　zài jiào lái　tiáo dà chuán zhèng hǎo}
马上灵敏地回答：“8个，再叫来3条大船正好。”

小鹿沉不住气了，说："狮子狗先生，这样得

多花多少钱呀？再来2条小船，岂不是正好？"

狮子狗又说错话了，他拍拍自己的胸脯，

说："哎呀，我今天是不是吃多了，是不是那蘑菇质

量有问题呀？"

白鹤老师打了电话，不大会儿工夫，果然又来

了两条小船，大家按照秩序上了船，青青有幸与

白鹤老师在一条船上，她兴奋地对老师说："老

师，我是第一次坐船，这感觉一定非常好的。"

旁边的船上，狮子狗的大嗓门又开始说话

了："大家注意安全，不要在船边上徘徊，要坐到

船中央的椅子上，另外，保险绳要系紧了。"

一位艄公大笑起来："这个孩子真好，我正

想提醒大家呢。"

每条船上，白鹤老师都安排了一名组长，组长负责检查安全，艄公又挨个进行了确认，最后，第一条船上的艄公大声说："开始航行了。"

大家兴奋地叫了起来，河面非常宽，大约行驶了一个小时，才到了对岸。

一路上，水流湍急，还有暗涌和漩涡，不会水的小动物们，大气都不敢出。

大家下船后，狮子狗班长对一位艄公说："你是领导吧，告诉其他几位艄公吧，我们晚上还要回家的，一定要等着我们。"

艄公打趣着说："当然，我们傍晚时候在这儿等你们，只是，你还能说出其他组合的方式吗？"

"这个，艄公先生，我的数学成绩最不好了，还是您来安排吧。"大家大笑起来。

白鹤老师说:"其实,还有许多种方法可以过河的,大家忘了吧,有许多小动物天生是在水中长大的,他们可以游过去。"

"对了,这样的话,就可以省几条小船了。"狮子狗说。

"班长会游泳,一会儿回去时,让班长游过去吧。"青青笑着。

"我可不会游泳,我觉得,还是让青青找一枚树叶,漂流过去吧。"

大家一边说笑着,一边往前面赶,小山就在前方。

爸爸的难题

星期天，绵绵全家坐着爸爸的摩托车外出踏青，春天的郊外一切都显得生机勃勃，青山绿水，鸟语花香，绵绵躺在草地上，无暇顾及这美好的春光。

绵绵怎么了？她最近对科幻电影特别着迷，她觉得自己太渺小了，她太想了解外面的世界了。

爸爸查看了油箱后说："回家后得加汽油了，要不明天就不能骑摩托车了。"

绵绵兴奋地说："爸爸，回家后你给我些汽油。"

爸爸一口回绝道："小孩子要汽油干什么？既不能吃更不能玩！"

绵绵是想做一个实验，她想做一辆小车，如果加进汽油，一定会跑得非常快的。

但她不敢这样对爸爸说，怕爸爸生气，只能说："我只要一小杯，我们科学课要用汽油做实验。"

爸爸这才答应了。

一到家，爸爸拿出好几瓶汽油准备给摩托车加油，绵绵看到后向爸爸要。

爸爸却改口说道："除非你能回答上我的问题。

现在我的摩托车里没汽油,如果我倒进4瓶汽油后连车共重133千克,如果我倒进7瓶汽油后连车共重139千克,你能求出一辆摩托车和一瓶汽油各重多少千克吗?"

绵绵想了想后说道:"太简单了!用(139−133)÷(7−4)=2千克,再用133−2×4=125千克。每瓶汽油重2千克,摩托车重125千克!"

爸爸欣慰地称赞道:"绵绵的数学可真是大有长进呀!"

绵绵得意地说:"那当然了,青青经常帮助我补习数学!"

爸爸说:"哪天把青青邀请到我们家,我们得好好谢谢她!"

美好的打赌

小乐最近喜欢上了打赌,他曾经与一只路过的小松鼠打赌,说他不会爬树,结果,小松鼠爬上了树,树上却插满了玻璃渣子,小松鼠吓得摔了下来,受了伤。

小乐的妈妈批评了他:"小乐,你是鼹鼠,他是松鼠,鼠类何苦为难鼠类?"

小乐在班上,与狮子狗打赌,说:"今天白鹤老师不会来上课了。"

狮子狗是班长,不以为然,马上说:"如果老师来上课了,怎么办?"

小乐说:"如果来上课了,我自罚做十个俯卧撑。"

白鹤老师果然没来，其实，小乐早上路过白鹤老师家时，听见了白鹤老师与大熊校长请假的对话，白鹤老师家里有重要的事情，因此，由小鹿姐姐代替她去上课。

小乐以此为乐，整天热衷于与同学们打赌，终于有一个小动物按捺不住了，他决心捉弄一下鼹鼠小乐。

他是从其他学校转学来的，是一只可爱的

shuǐ é
水鹅。

shuǐ é xué xí chéng jì yōu xiù zài bān li hěn shòu lǎo shī zhòng shì
水鹅学习成绩优秀，在班里很受老师重视，

yīn cǐ yǎn shǔ xiǎo lè duì tā chōng mǎn le dí yì
因此，鼹鼠小乐对他充满了敌意。

nà tiān kè jiān xiū xi shí shuǐ é ná le yì zhāng zhǐ lái dào le
那天课间休息时，水鹅拿了一张纸，来到了

xiǎo lè shēn biān shuō cōng míng de xiǎo lè xiān sheng nǐ gǎn yǔ wǒ dǎ gè
小乐身边，说："聪明的小乐先生，你敢与我打个

dǔ ma
赌吗？"

dāng rán kě yǐ lái zhě bú jù xiǎo lè duì zhè zhī kě ài de
"当然可以，来者不拒。"小乐对这只可爱的

shuǐ é bú xiè yí gù
水鹅不屑一顾。

rú guǒ wǒ yíng le nǐ yào qǐng wǒ chī xuě gāo mén kǒu de chāo shì
"如果我赢了，你要请我吃雪糕，门口的超市

li yǒu mài de xiǎo lè zǎo yǐ jīng miáo zhǔn le mù biāo
里有卖的。"小乐早已经瞄准了目标。

dāng rán kě yǐ rú guǒ nǐ shū le nǐ jiù yào qǐng dà jiā chī xuě
"当然可以，如果你输了，你就要请大家吃雪

gāo rú hé shuǐ é shuō
糕，如何？"水鹅说。

zhè ge méi yǒu wèn tí wǒ bú huì shū de wǒ men bān li de suǒ
"这个没有问题，我不会输的，我们班里的所

yǒu tóng xué dōu shū gěi guò wǒ nǐ yào xiǎo xīn lou xiǎo lè zuò hǎo le
有同学，都输给过我，你要小心喽。"小乐做好了

zhàn dòu zhǔn bèi
"战斗"准备。

kàn xià miàn de tú xíng ba   nǐ gào su wǒ dì · yī gè tú xíng
"看下面的图形吧，你告诉我，第一个图形

li   yǒu duō shao gè zhèng fāng xíng   dì èr gè tú xíng li   yǒu duō shao gè
里，有多少个正方形？第二个图形里，有多少个

fāng kuài
方块？"

xiǎn rán   shuǐ é yǐ jīng zuò hǎo le chōng zú de zhǔn bèi   tā de tí
显然，水鹅已经做好了充足的准备，她的题

mù dōu yǐ jīng zhǔn bèi hǎo le
目都已经准备好了。

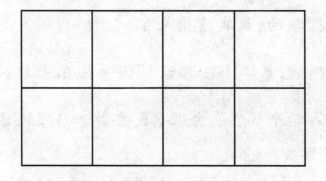

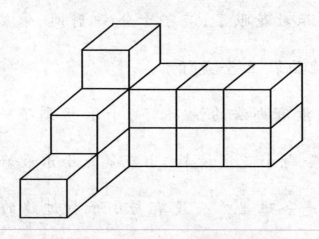

小乐最害怕别人用数学题来难为自己，这是他的弱项，但如今，已经答应了水鹅，何况，这么多的同学都在现场见证呢？

没有办法，小乐只好硬着头皮开始了。

小乐看到了第一个图形，笑了起来。

"甭想难为我，第一个图形里有10个正方形，有隐藏的，被我看出来了。"

"那么，第二个图形呢？"狮子狗在旁边提问。

"第二个吗？等会儿，我要数一下，1，2，3，4……"

小乐数花眼了，查了十分钟时间，依然没有结果，他脑袋上全是汗水。

在没有办法的情况下，小乐想到了一个办法，他要向小花鼠请教。小花鼠是小乐最好的朋友，也是全班里唯一没有与小乐打过赌的小动物。

小花鼠正在闭目养神，其实，他是帮助小乐想答案呢，不大会儿工夫，小花鼠眼睛睁开了，用手比画出了一个"12"的图形。

"12个，哈哈，我想起来了。"小乐装作恍然大悟的样子。

美丽的小鹿姐姐来上课了，但她示意大家不要吵闹，让打赌继续进行。

水鹅来宣布准确答案了："第一个图形，应该有正方形11个，因为中间还有1个；第二个图形，的确是12个方块，但可惜的是，你的打赌还是以失败而告终，因为，第一个答案错了。"

小乐不服气，要求小鹿姐姐评判，小鹿姐姐在黑板上画出了第一个图形，一个个数正方形，结

果果然是11个。

水鹅说："小乐，你不需要去买雪糕吃了，我这样做，就是想告诉你，人外有人，天外有天，整天与小朋友们打赌，作弄大家，有意思吗？我们应该做一些有意义的活动，比如说互帮互助，提高成绩等。"

小乐知错了，低下了头，挨个儿向以前与自己打过赌的小动物们承认错误，最后，他还说："其实，第二个图形的答案是小花鼠告诉我的，我的数学成绩太差了，希望大家帮助我提高。"

"没有问题的，我来帮你。"水鹅高兴地说。

机器人来到了学校里

早上来到学校，青青便发现了一个奇怪的现象，学校里竟然一名老师也没有。

青青觉得自己来早了，老师们可能此时正在家里吃早餐呢，但路过花房时，竟然发现鼠娘也不在，要知道，鼠娘是每天住在花房里的。

青青身材小，钻进了花房的门缝里，却意外地发现了一个机器人，正在那儿代替鼠娘浇花。

机器人？是梦中、课本中、科幻大片中才有的一种人类，难道，难道，坏了，难道他们将森林学校占领了？

怎么办？

青青故意隐藏起自己的身体，她想观察一下

xué xiào de dòng tài
学校的动态。

yuǎn chù fā xiàn yǒu zhì shǎo wǔ gè jī qì rén cóng dà xiàng bó bo
远处,发现有至少五个机器人,从大象伯伯

de mén gǎng li zǒu le chū lái tā men yì biān zǒu zhe yì biān zhǐ huī zhe xiǎo
的门岗里走了出来,他们一边走着,一边指挥着小

dòng wù men dà jiā tīng hǎo le zhèr yǐ jīng bèi wǒ men kòng zhì le zhuā jǐn
动物们:"大家听好了,这儿已经被我们控制了,抓紧

shí jiān jìn rù jiào shì li yào kuài
时间进入教室里,要快。"

qīng qīng duō liǎo gè xīn yǎnr tā bìng méi yǒu wěi suí jī qì rén jìn
青青多了个心眼儿,她并没有尾随机器人进

rù bān li ér shì qiāo qiāo de pá dào chuāng tái shang tā xiǎng kàn gè jiū
入班里,而是悄悄地爬到窗台上,她想看个究

jìng rú guǒ zhēn de yǒu wēi xiǎn jiù yào xiǎng bàn fǎ táo chu qu tōng zhī hǔ
竟,如果真的有危险,就要想办法逃出去通知虎

jǐng xiān sheng
警先生。

jìn rù tā men bān li de yí gè jī qì rén fēi cháng gāo dà yí
进入他们班里的一个机器人,非常高大,一

jìn jiào shì biàn mìng lìng suǒ yǒu de xiǎo péng yǒu zuò xià rán hòu tā shà yǒu jiè
进教室便命令所有的小朋友坐下,然后他煞有介

shì de qù ná fěn bǐ fěn bǐ què bù tīng tā de shǐ huan shī zi gǒu gǎn jǐn
事地去拿粉笔,粉笔却不听他的使唤,狮子狗赶紧

chōng shàng jiǎng tái bāng tā jiāng fěn bǐ ná hǎo
冲上讲台,帮他将粉笔拿好。

tóng xué men de fǎn yìng bù yī shī zi gǒu shuō jī qì rén shàng kè tóu
同学们的反应不一,狮子狗说:"机器人上课,头

一次，没什么不好的，我觉得我们应该适应。"

"我是担心，白鹤老师、猴子教员还有小鹿姐姐遇到危险了，他们去哪儿了？"小乐说出了大家的担心。

教室里的钟表指向了上午8：00整，上课的铃声响了起来，同学们大气也不敢出。

"我们机器人富有想象力，照样可以统治你们这所学校。今天，我要出几道数学难题，大家如果解答上来，我就告诉大家：你们的学校怎么了？校长去哪儿了？老师在什么地方？如果回答不上来，他们便危险了，要知道，我们机器人可是说话算数的。"

机器人口齿伶俐，一口标准的森林普通话。

小蚂蚁青青的位子空着，机器人发现了，质

2年级

wèn   zhè wèi tóng xué ne
问："这位同学呢？"

shī zi gǒu mǎ shàng shuō   tā shēng bìng le   zuó tiān jiù yǐ jīng xiàng
狮子狗马上说："她生病了，昨天就已经向

lǎo shī qǐng jiǎ le
老师请假了。"

qīng qīng táo guò yì jié   tā shí fēn gǎn xiè shī zi gǒu bān zhǎng
青青逃过一劫，她十分感谢狮子狗班长。

jī qì rén kāi shǐ chū tí le
机器人开始出题了。

dà jiā kě néng kàn guò dòng huà piàn   xǐ yáng yáng yǔ huī tài láng
"大家可能看过动画片《喜羊羊与灰太狼》

ba   dì yī gè tí mù   yǔ tā men yǒu guān xì
吧，第一个题目，与他们有关系。

xǐ yáng yáng yǔ fèi yáng yáng lái dào le wǒ men bān li   tā men kàn dào
喜羊羊与沸羊羊来到了我们班里，他们看到

le yí miàn jìng zi   jìng zi li yǒu zhōng biǎo   huī tài láng xiān sheng zhǐ zhe jìng
了一面镜子，镜子里有钟表，灰太狼先生指着镜

zi li de zhōng biǎo   zhōng biǎo de shí jiān shì   nà me   qǐng wèn
子里的钟表，钟表的时间是10∶50，那么，请问，

zhēn zhèng de shí jiān shì jǐ diǎn jǐ fēn
真正的时间是几点几分？"

jìng zi li kàn dào de wù tǐ dōu shì xiāng fǎn de   jiū
"10∶50，镜子里看到的物体都是相反的，究

jìng shì jǐ diǎn jǐ fēn ya   xiǎo sōng shǔ pǎo dào le zhōng biǎo qián miàn   kě
竟是几点几分呀？"小松鼠跑到了钟表前面，可

shì   tā què méi yǒu yí miàn jìng zi   bù rán   kě yǐ xiàn chǎng jìn háng shì
是，他却没有一面镜子，不然，可以现场进行试

验。

没有人能够回答上来这个难题，教室里有汗水滴下的声音，狮子狗好想冲出去，但是，他是班长，遇到了困难，他不能知难而退的。

"一定是2:20了。"狮子狗对自己的答案也不确定，因此不敢大声说。

机器人笑了起来，笑的声音倒是十分有趣，他说："再告诉大家，实际的时间与镜子的时间加起来，正好是12点。"

机器人居然提醒了大家，看来，他是友好的。

青青终于忍不住了，隔着窗户大声吆喝："实际时间应该是1:10。"

"完全正确，这个声音从哪儿发出来的？"机器人吓坏了，从讲台上拿起了手枪。

"当然是我说的。"小乐早发现了窗台后面的青青。

"这个问题，算你们回答正确，继续听我的第二个问题吧。

喜羊羊和沸羊羊刚刚走完一公里，又看到树上贴着一张纸，旁边有个电视机。电视机里渐渐地浮现出灰太狼的身影。灰太狼说：'能在这里见到你们，说明你们通过了第一关。不过，那道题太容易了，连小学生都会做。第二道题你们肯定做不出来。'沸羊羊被激怒了：'我们肯定做得出来，灰太狼，走着瞧！'灰太狼说：'哈哈，多一点愤怒，那才好玩呢！'喜羊羊和沸羊羊看到纸上写着：'小白兔采了60个蘑菇，现在只剩下48个，它还要几天能把蘑菇吃完？'"

"这个题目太难了,已知两个条件,怎么才可以知道剩下的48个几天吃完呢?"小蚂蚁青青觉得这是机器人故意难为大家。

狮子狗也说:"少一个条件吧?"

机器人得意地说:"就是这个条件,有能耐,就要回答上来,否则,你们知道结果的。"

鼹鼠小乐站起来回答:"小白兔采了60个蘑菇,现在只剩下48个,如果他每天吃6个,那就需要8天吃完;如果他每天吃8个,就需要6天吃完;如果他每天吃4个,那需要12天才可以吃完;如果他每天吃12个,4天就可以吃完;如果他每天吃48个,他当天就可以吃完,不过,他会拉稀的;如果他不吃不喝,那就一直吃不完,蘑菇会坏的。"

这恐怕是最精彩的答案了。

2年级

机器人没有难住他们，因此，他有些恼火了，他冲出了教室，此时，小蚂蚁青青冲进教室里。

"我们应该想个办法惩治一下机器人。"青青说。

很快的，大家商量了一个办法，青青又一次不见了。

机器人可能去和自己的同伙商议办法了，他不大会儿工夫，便重新回到了教室里，这一次，他准备了更难的题目。

机器人正在讲话时，却难受得叫了起来，他感到身体非常痒，好像有一只小蚂蚁在咬自己的肉。

机器人顾不了许多了，开始脱自己的帽子、衣服和裤子，直到最后，猴子教员的脸露了出来。

"哈哈，我们就知道今天是愚人节，原来，所有的机器人都是校长与老师们装出来的。"

白鹤老师也是丢盔卸甲的，与猴子教员相视一笑，大家太开心了。

多么快乐的愚人节呀！

与时间赛跑

今天是五一国际劳动节，大熊校长安排所有的老师、同学都来打扫学校的卫生，平日里不容易打扫的死角，这一次也在清扫的范围之内。

小鹿姐姐亲自领着几个小动物，在打扫操场。

操场上的死角最多了，比如说操场与厕所的接壤处，脏兮兮的臭水，还有许多苍蝇成群结队地飞舞着。

黄小羊与绵绵，一边打扫着，一边捂着鼻子。

小鹿姐姐倒是不怕脏、不怕累的，不大会儿工夫，一个漂亮的美女弄得满脸汗水，手也磨破了，鲜血直流，但小鹿姐姐毫不退缩，鼓励大家再接再厉。

xiǎo lù jiě jie yì biān dǎ sǎo wèi shēng　　yì biān wèn huáng xiǎo yáng
小鹿姐姐一边打扫卫生，一边问黄小羊：

huáng xiǎo yáng tóng xué　　yì nián yǒu duō shao tiān na
"黄小羊同学，一年有多少天哪？"

zhè ge wǒ xué guò　dāng rán shì　tiān　huáng xiǎo yáng bù zhī dào
"这个我学过，当然是365天。"黄小羊不知道

xiǎo lù jiě jie zhè yàng wèn de yuán yóu
小鹿姐姐这样问的缘由。

nà me　yì tiān yǒu duō shao xiǎo shí　yì xiǎo shí yǒu duō shao fēn
"那么，一天有多少小时？一小时有多少分

zhōng ne　　xiǎo lù jiě jie yì biān bá zhe cǎo　yì biān wèn páng biān de mián
钟呢？"小鹿姐姐一边拔着草，一边问旁边的绵

mián
绵。

mián mián zhèng shēng mèn qì ne　méi yǒu xiǎng dào xiǎo lù jiě jie huì wèn
绵绵正生闷气呢，没有想到小鹿姐姐会问

zì jǐ　tā chí yí le yì xiǎo huǐr　huáng xiǎo yáng qiǎng xiān huí dá le wèn
自己，她迟疑了一小会儿，黄小羊抢先回答了问

tí　měi tiān dōu yǒu　xiǎo shí　yì xiǎo shí yǒu　fēn　yì fēn děng yú
题："每天都有24小时，一小时有60分，一分等于60

miǎo　měi xiǎo shí ne　jiù yǒu　　miǎo
秒，每小时呢，就有3 600秒。"

huáng xiǎo yáng　lǎo shī wèn wǒ ne　wǒ dōu huì de　mián mián běn lái
"黄小羊，老师问我呢，我都会的。"绵绵本来

jiù bù gāo xìng
就不高兴。

mián mián　lǎo shī zài wèn de huà　jǐ huì liú gěi nǐ ba　huáng xiǎo
"绵绵，老师再问的话，机会留给你吧。"黄小

森林学校里
的趣味数学

yáng zhī dào mián mián de pí qi bù hǎo   chù chù ràng zhe tā
羊知道绵绵的脾气不好，处处让着她。

xiǎo lù jiě jie jì xù shuō   wǒ men shì cóng   kāi shǐ dǎ sǎo
小鹿姐姐继续说："我们是从8：20开始打扫

wèi shēng de   jiǎ rú wǒ men   jié shù zhàn dòu   nà me   wǒ men huā
卫生的，假如我们11：00结束战斗，那么，我们花

le duō shao shí jiān lái dǎ sǎo cāo chǎng
了多少时间来打扫操场？"

zhè ge   zhè ge ma   mián mián yǒu xiē bù zhī suǒ yǐ rán le   tā
"这个，这个吗？"绵绵有些不知所以然了，她

dī xià shēn qù   bù tíng de zài dì shang bǐ huà zhe   kě shì   tā réng rán méi
低下身去，不停地在地上比画着，可是，她仍然没

yǒu huí dá shang lai
有回答上来。

huáng xiǎo yáng tóng xué   wǒ kàn nǐ yuè yuè yù shì   shì bu shì nǐ zhī
"黄小羊同学，我看你跃跃欲试，是不是你知

166

dào dá àn ya　　xiǎo lù jiě jie wèn huáng xiǎo yáng
道答案呀?"小鹿姐姐问黄小羊。

huáng xiǎo yáng zhī dào zhè ge wèn tí de zhǔn què dá àn　kě shì　tā
黄小羊知道这个问题的准确答案,可是,他

què gù yì shuō bú huì　yīn wèi　tā bù xiǎng ràng mián mián nán kān
却故意说不会,因为,他不想让绵绵难堪。

xiǎo lù jiě jie gěi liǎng gè xiǎo péng yǒu jiǎng jiě qi lai　　　　　kāi
小鹿姐姐给两个小朋友讲解起来:"8:20开

shǐ dǎ sǎo wèi shēng　　　　shì gè xiǎo shí shí jiān　　　shì gè
始打扫卫生,9:20是1个小时时间,10:20是2个

xiǎo shí shí jiān　　　　shì gè xiǎo shí shí jiān　yě jiù shì　　fēn
小时时间,11:20是3个小时时间,也就是180分

zhōng kě shì　　　　jiù yǐ jīng jié shù le　yīn cǐ　yīng gāi jiǎn qù
钟,可是,11:00就已经结束了,因此,应该减去20

fēn zhōng shí jiān　nà zhèng què dá àn jiù shì wǒ men huā le　fēn zhōng shí
分钟时间,那正确答案就是我们花了160分钟时

jiān qù dǎ sǎo wèi shēng
间去打扫卫生。"

wǒ yě huì wèn zhè yàng de wèn tí　mián mián shuō dào
"我也会问这样的问题。"绵绵说道。

huáng xiǎo yáng zǎo shang cóng jiā li chū fā shí shì　fēn dào dá
"黄小羊早上从家里出发时是7:10分,到达

xué xiào shí　yǐ jīng shì　fēn le　tā huā fèi le　fēn zhōng shí jiān
学校时,已经是7:45分了,他花费了35分钟时间

lái dào xué xiào
来到学校。"

mián mián zhēn cōng míng　kàn lái　zhè yàng de wèn tí shì nán bu zhù nǐ
"绵绵真聪明,看来,这样的问题是难不住你

喽。"小鹿姐姐夸奖绵绵。

黄小羊又说:"绵绵吃完饭时,已经是晚上21:00了,她吃饭用了80分钟时间,那么,她是何时开始吃饭的?"

小鹿姐姐忍俊不禁,笑了起来。

绵绵却十分认真地听着,她开始解答:"21:00减1个小时,是20:00,再减去20分钟,是19:40分,对了,我是晚上7:40分开始吃的饭。"

黄小羊开玩笑说:"美女,你吃了几个菜呀?"

"我们家生活简单,就两个菜,一个是大白菜,另一个是白萝卜,怎么着,你有意见哪?"绵绵很想教训一下黄小羊。

"美女,你的胃口真是好呀,吃饭竟然吃了80分钟,太可怕了,哈哈。"

绵绵这才回过味来，追着黄小羊打他。

黄小羊躲到了小鹿姐姐的身后，小鹿姐姐说："黄小羊该罚，这个玩笑开大了。黄小羊负责收拾最后的垃圾，绵绵当监工。"

操场上，愉快的歌声在飞扬。

随书赠送精美彩色日记本

这不是简单的
《西游记》故事，
而是连齐天大圣
也不知道的小秘密哟！

随书赠送精美彩色日记本

这不是简单的
《希腊神话》故事，
而是连雅典娜
也不知道的小秘密哟！

随书赠送精美彩色日记本

这不是简单的
《一千零一夜》故事，
而是连阿里巴巴
也不知道的小秘密哟！

随书赠送精美彩色日记本

感动天地的父子深情
震撼心灵的家庭之爱

《好玩的数学博客》(全新修订版)1~6年级

这是一套集文学性、知识性、趣味性于一身的国内原创精品!

数学作为学生的重要学习科目之一,给很多学生带来了困惑,很多孩子不喜欢学习数学。在培养学生对数学的学习兴趣方面一直有很大的市场需求,市场上的数学类图书品种繁多,但真正能为孩子喜欢的图书很少,大多数图书不能做到寓教于乐,让孩子从心里喜欢阅读,喜欢学习数学。但本套书以其独特的内容和形式,达到了寓教于乐这一目的。

这套书的数学故事都来源于小学生自己的日常生活和学习,在阅读的时候,让他们感觉不到是在学习,但却实实在在地学到了知识,在不知不觉中培养学习兴趣,让小学生感觉学习数学也没有那么困难。

另外,这套书的形式独特,以流行的博客形式来诠释数学,本身就是一种大胆而创新的尝试,本身就是吸引孩子们阅读的一个亮点。无论是在国内还是国外,这种体裁的数学趣味校园故事都属首创!

这套书对于渴求知识、又对身边的世界充满好奇的小学生来说,绝对是最珍贵的礼物!它不仅给孩子们带来了很多快乐,让孩子们学会了一种轻松幽默的生活态度,而且让孩子们从中学到了很多数学知识,感受到数学的魅力,从而不怕数学、爱上数学。